AF292617

SPRACHE MACHT ZUKUNFT

SPRACHE MACHT ZUKUNFT

Ein klimagerechtes und zukunftsfähiges Vokabular

Wolfgang Lührsen und Marc Pendzich

- Eine Handreichung -

vadaboéBooks

Dies in ein „*work-in-progress*"-Projekt. Wir erheben keinen Anspruch auf Vollständigkeit und entwickeln das hier vorgeschlagene Vokabular ständig weiter.

Anregungen sowie Vorschläge sind uns willkommen unter Sprache-Macht-Zukunft.de.

Diese Handreichung liegt auf der genannten Website vollständig und für alle Bürger:innen frei zugänglich vor. Gegebenenfalls finden Sie dort auch Updates, z. B. in Form von weiteren Begriffen.

Wir haben Sorge getragen, alle Quellen aufzuführen und keine relevanten vorbestehenden Gedankengänge unbelegt zu übernehmen. Sollte uns diesbezüglich ein Fehler unterlaufen sein, bitten wir um eine Nachricht, um in späteren Auflagen sowie online nachbessern zu können.

Das vorliegende Buch ist sorgfältig erarbeitet worden. Dennoch erfolgen alle Angaben ohne Gewähr. Weder die Autoren noch der Verlag können für eventuelle Nachteile oder Schäden, die aus den im Buch gegebenen Hinweisen resultieren, eine Haftung übernehmen.

Dieses Buch enthält Links auf Websites Dritter. Für deren Inhalte übernehmen weder die Autoren noch der Verlag Haftung, da wir uns diese nicht zu eigen machen, sondern lediglich auf deren Stand zum Zeitpunkt des angegebenen Abrufdatums verweisen.

Bibliografische Information der Deutschen Nationalbibliothek:

Die Deutsche Nationalbibliothek verzeichnet diese Publikation in der Deutschen Nationalbibliografie; detaillierte bibliografische Daten sind im Internet über http://dnb.dnb.de abrufbar.

© 2023 Wolfgang Lührsen und Marc Pendzich

Wir danken den Mitgliedern des AK Storytelling für ihr Feedback bei der Entwicklung dieser Handreichung.

Lektorat: Annette Winkel, Hamburg, https://www.lektorat-winkel.de

Das Lektorat wurde freundlicherweise vom *Zentrum für Mission und Ökumene. Nordkirche weltweit* unterstützt.

Herstellung und Verlag: BoD – Books on Demand, Norderstedt

ISBN: 978-3-7347-7401-0

Wer die öffentlichen Zustände ändern will, muss bei der Sprache anfangen.

Konfuzius

Inhaltsverzeichnis

1. Einleitung

Die Macht des Wortes ist groß – viel größer, als es sich die meisten Menschen im Alltag klarmachen. Wörter, Begriffe, eingeschliffene Sätze – kurz: die Sprache, die wir nutzen, transportiert unterschwellig (u. U. ungewollt) ganze Erzählungen mit. Das sind äußerst wirkmächtige Geschichten – auch ‚Narrative‘[a] genannt. Manche sind Teil unserer Erziehung, andere Bestandteil unserer gesellschaftlichen Sozialisation. Sie schwingen in jedem Gespräch stets auf der Metaebene mit – und weil sie gleichsam *automatisiert* un(ter)bewusst mitlaufen, können sie auch nicht ohne Weiteres hinterfragt werden. In Familien mögen das Wertvorstellungen sein, bspw. ‚Ihr sollt es mal besser haben‘.[b] In unserer frühindustrialisierten Gesellschaft (↑ S. 52) sind die meisten von uns massiv durch über mehrere Generationen hinweg eingeübte Gedankenmuster geprägt, die z. B. darauf hinauslaufen, dass angeblich jede:r ‚es‘ schaffen könne, strengte sie:er sich nur richtig an. Auch die *rational* leicht als unmöglich zu entlarvende exponentielle Steigerungslogik (↑ S. 52), die unsere derzeitige Ökonomie bestimmt, ist in der Denkweise vieler Bürger:innen tief verankert. So tief, dass sie ggf. bereits zwei, drei Sätze nach der von ihnen selbst getroffenen Klarstellung, dass wir in einer *begrenzten* Welt (↑ S. 15) leben, bereits wieder ‚entgrenzt‘ sind, in die Gedankenmuster zurückfallen und aufs Neue mit der irrationalen grenzenlosen Steigerungslogik argumentieren.

Sprache ist lebendig und jederzeit Neuerungen unterworfen. In diesen Jahren sterben die schon lange ihrer tatsächlichen Bedeutung enthobenen Begriffe und Redewendungen des Pferdefuhrwerk-Zeitalters aus, z. B. ‚Steigbügelhalter‘, ‚das Pferd von hinten aufzäumen‘ oder ‚Aussteuer‘. Sie haben ausgedient und machen Platz für neue Wörter und Begriffe, die wir in der digitalen Gesellschaft benötigen.[1]

Sprache kann gezielt demagogisch eingesetzt werden und ganze Diktaturen stürzen oder stützen. Neue Wortschöpfungen vermögen Diskussionen, die seit Monaten feststecken, positiv oder negativ zu beeinflussen (‚Wirtschaftsflüchtlinge‘). So spricht Jay Inslee, Gouverneur des US-Staates Washing-

> **Warum gendern?**
>
> Sprache formt das Denken, „Sprache konstruiert Realität [...] [und] lässt Bilder in unseren Köpfen entstehen. Wenn Sprache nicht alle mitdenkt, [also keine genderfaire Sprache verwendet wird,] dann reproduzieren wir bestehende Ungleichheiten und Machtverhältnisse" (Jeffries 2020, 35). Gewissermaßen ist Sprache ‚Framing‘ – sie setzt im Gespräch den Rahmen. Und: Wenn wir über einen Vorstandsvorsitzenden sprechen, entsteht tendenziell das Bild eines männlichen Vorstands, zumal die Erfahrung dies für die Vergangenheit i. d. R. bestätigt. Wenn wir die weibliche oder inklusive Form in unsere Sprache einbeziehen, rütteln wir automatisch an diesen Strukturen und lassen subtil einfließen: Alles könnte anders sein. Und es soll künftig anders sein. Weissenburger fügt dem hinzu, dass „Forscher*innen der Freien Universität Berlin festgestellt [haben], dass sich Grundschulkinder bestimmte Berufe eher dann selbst zutrauten, wenn diese gegendert vorgelesen wurden" (Jeffries 2020, 35). Interessant ist auch folgender Hinweis der Linguistin Luise Pusch: „Deutsche Sprache ist männliche Sprache. Wenn in einem Chor von 100 Personen 99 Frauen singen und ein Mann, ist es grammatikalisch korrekt, von Sängern zu sprechen" (sinngemäß zitiert in Gottschalk 2020, 12).

---

[a] Wir Autoren nutzen in dieser Handreichung einfache Anführungszeichen zur Hervorhebung der sprachlichen Metaebene von Begriffen in Abgrenzung von Zitaten, die – wie üblich – mit doppelten Anführungszeichen gekennzeichnet sind. Hochgestellte Ziffern verweisen auf die Endnoten ab Seite 79.

[b] Schon in diesem harmlosen Wunsch ist die Zerstörung der Zivilisation angelegt. Wenn alle Menschen immer mehr materielle Güter haben wollen, bedeutet das exponentielle Steigerungslogik auf einem begrenzten Planeten.

ton, angesichts der verheerenden Waldbrände an der Westküste der USA im September 2020 plötzlich (anscheinend) spontan von *Klima*bränden (‚climate fires‘). Dadurch bringt er das bis dahin diffus-unzureichend als ‚Waldbrand‘ bezeichnete, in diesem Fall klimakrisenbedingte Phänomen mit einem neuen Begriff auf den Punkt. Und kürzt mutmaßlich künftig viele Diskussionen ab. Idealerweise hält der neue Begriff Einzug in den allgemeinen Sprachgebrauch.[2]

Sachverhalte oder Aspekte, die für das eigene Leben zentral sind, sind sprachlich i. d. R. detailreich ausdifferenziert und zumindest im eigenen sozialen Umfeld bekannt. Mitmenschen der Jahrgänge rund um 1970 mögen hier beispielsweise an das eigene Wissen zu Bezeichnungen für Computer-, Stereoanlagen-, Telefon-, Videorekorder- und Fernsehkabel denken.

Für *neue* Lebensaspekte haben wir hingegen zunächst meist nur wenige oder gar keine Wörter. So ist es auch mit der globalen Naturzerstörung (↑ S. 51) bzw. der existenziellen Menschheitskrise, die i. d. R. auf den Begriff ‚Klimakrise‘ verkürzt wird. Das ebenso dramatische sechste Massenaussterben bleibt in den allermeisten Fällen unerwähnt. In der Folge wird bei *jeder einzelnen Begriffsverwendung* von ‚Klimakrise‘ die ungeheure, globale Herausforderung, vor der die gesamte Menschheit steht, unterschätzt bzw. verharmlost. Allein die Tatsache, dass unsere Sprache bislang keinen gemeinsamen Überbegriff für ‚Klimakrise‘

> **Das sechste Massenaussterben**
>
> Auch als ‚Biodiversitätsverlust‘ und ‚Artensterben‘ bezeichnet.
>
> Erdgeschichtlich gab es bereits fünf Massenaussterben, das letzte, fünfte Massenaussterben vor rund 66 Mio. Jahren, markierte das Ende der Dinosaurier. Das „im vollen Gange“ (Carstens 2019) befindliche sechste Massenaussterben unterscheidet sich von den vorhergehenden durch die Ursache. In diesem Fall ist es der Mensch mit seinen massiven Eingriffen in seine Mitwelt, darunter „– mit abnehmender Wichtigkeit – [...] [der] Verlust von Lebensraum und Landnutzungsänderungen, Jagd und Wilderei, Klimawandel, Umweltgifte und invasive Arten wie Ratten, Mücken und Schlangen“ (ebd.).

und ‚Massenaussterben‘ kennt, sagt einiges über den Stand der Debatte aus. Außerdem versinnbildlicht es unseren unzureichenden Umgang mit der eskalierenden Krise, die – und dieses Wort wird zu Unrecht vermieden – bereits eine begonnene Katastrophe ist.

Derweil hilft die bloße *Existenz* von Begriffen nicht weiter, wenn sie den Kern der Sache verfehlen. Ein Beispiel: Wer vom ‚Klimaschutz‘ spricht, erzählt aus Sicht der Autoren sofort die falsche Geschichte. Das Klima braucht keinen Schutz – es sind vielmehr Menschen, die Schutz suchen und Schutz benötigen: Es sind die Verursacher:innen der globalen Krise alles Lebendigen selbst, die ihre gesamte Lebensweise umwälzen müssen, wenn sie ihre Zivilisation bewahren wollen.

Der Begriff ‚Klimaschutz‘ deutet des Weiteren unterschwellig an, dass wir – wenn wir durch Optimierung des Bestehenden gezielt ‚das Klima‘ schützen – so weiter leben könnten wie bisher. Das können wir jedoch nicht.

Das alles bedeutet: Nicht einmal denjenigen, die auf dieser Welt eigeninitiiert, bewusst und engagiert etwas verändern möchten, gelingt es, ihr Anliegen in präzise, sachliche und anschauliche Worte zu fassen. Zugleich gilt psychologisch ausgedrückt: Was man nicht *verworten* kann, kann man nicht beschreiben, nicht erklären – und erst recht nicht verstehen, geschweige denn begreifen (↑ S. 20 sowie ↑ S. 46 ‚verworten – Verb').

Wir Autoren schlagen für aktiv veränderungswillige Mitbürger:innen den Begriff ‚Proaktive' vor (↑ S. 38).

Tatsächlich gehen wir, die Autoren dieser Handreichung, davon aus, dass sogar Menschen, die seit Jahrzehnten mit dem Themenkreis ‚multiple Krise der Mitwelt' (↑ S. 51) befasst sind, oftmals nicht dazu in der Lage sind, in kurze, einfache Worte zu fassen, was uns, der Menschheit, gerade passiert. Wenn die Worte fehlen, wird es schwierig, sich mitzuteilen. Noch einmal in andere Worte gefasst: Wenn keine bzw. zu wenige treffende Begriffe zur Verfügung stehen, können Sachverhalte nur schwer vermittelt, kaum rational verstanden und erst recht nicht emotional begriffen werden.

Damit wollen wir Autoren keineswegs andeuten, die bislang fehlende Akzeptanz für eine gesamtgesellschaftliche Transformation (↑ S. 63) liege nur in der Sprache begründet. Wir beobachten jedoch, dass selbst Proaktive, die ja in dieser Gesellschaft sozialisiert worden sind, sich – obwohl sie sich viel mit diesem Thema beschäftigen – gleichwohl schwertun, die eingefahrenen Gedankenmuster loszulassen, die sich eben auch in der eingeschliffenen Sprache widerspiegeln.

Hinzu kommt, dass die Herausforderungen der Gegenwart *sämtliche* Lebensbereiche betreffen und somit eine Komplexität aufweisen, die es unmöglich macht, alle erforderlichen Aspekte gleichzeitig im Kopf zu haben. Theresa Leisgang und Raphael Thelen, die Autor:innen des 2021 erschienenen Buches *Zwei am Puls der Erde*, halten dazu Folgendes fest: „Die Komplexität der Krise übersteigt unser Fassungsvermögen."[3]

Umso wichtiger sind Komplexität reduzierende Abkürzungen, d. h. (zu)treffende Begriffe, die ‚Worte sparen', leicht verständlich sind und/oder durch Wiederholung in den allgemeinen, allgemeinverständlichen Sprachgebrauch übergehen.

Also: Derzeit verwenden Proaktive zur Umsetzung des Anliegens, die Welt *zukunftsfähig* (↑ S. 53) zu gestalten, vorwiegend Begriffe, die tatsächlich ‚die alte Welt' abbilden. Benutzen Proaktive die jahrzehntelang eingeschliffene Sprache, erzählen sie somit tendenziell auch die Geschichten (‚Narrative') der ‚alten Welt'. Verwendet man die Begriffe ‚Wachstum' oder ‚Arbeitsplätze', ruft man gewissermaßen gleich die überkommenen Wertekataloge mit auf, die hinter diesen Begriffen stehen (und seit Langem fester Bestandteil unserer Sozialisation sind). Durch die Nutzung solcher Begriffe drücken wir Knöpfe, die wir gar nicht anrühren wollen. Bestimmte Begriffe funktionieren wie ‚emotionale Trigger', die, einmal gedrückt, vom eigentlichen Thema ablenken, Einzelfalldiskussionen hervorrufen und aus einem sachlichen Erfahrungsaustausch eine hochemotionale Diskussion machen können.

Mehr noch: Den Proaktiven ist es bislang – so sehen wir Autoren das – nicht ausreichend gelungen, die *Deutungshoheit* über die multiple Krise der Mitwelt zu erlangen. Proaktive befinden sich stattdessen tendenziell in der passiven Rolle der:des Erklärenden, Vorschlagenden, Rechtfertigenden. Sprache kann hier helfen.

Zusammengefasst: Nutzen wir das Vokabular der ‚alten Welt‘, erzählen wir deren Geschichten gleich mit und erschweren es uns auf diese Weise unnötig, neue Argumente und Gedanken einzubringen. Ein neues Vokabular, ein neues Begriffsfeld, eine bewusst eingesetzte Wortwahl können dabei helfen, die Debatte emotional und argumentativ zu verschlanken.[c]

Die vorliegende Sammlung von neuen bzw. zu vermeidenden Begriffen – ‚Wording‘ genannt – soll Ihnen in Form dieser Handreichung Inspirationen liefern, mit dem Ziel, dass Sie künftig besser und ablenkungsfreier als bislang in wenige, einfache, genaue, faire, gewaltfreie, klima-, generationen- und gendergerechte, präzise Worte fassen können, was ‚Sache ist‘.

> **Wording**
>
> Ein Wording umfasst die Worte, die verwendet werden, um etwas auszudrücken, d. h. die Art und Weise, wie etwas ausgedrückt wird. Weitere Beschreibungen des Begriffs ‚Wording‘ sind Vokabular, Begriffsfeld, Sammlung von Begriffen, bewusste Wortwahl inkl. Vermeidung nicht hilfreicher Begriffe.

Durch einen neuen, bewussteren Umgang mit dem von uns Autoren vorgeschlagenen Wording haben wir sicher noch nicht die Herausforderungen der Menschheit bewältigt. Auch ein – so oft gefordertes – neues ‚Narrativ‘ haben wir damit noch nicht erzählt. Aber wir können unser großes und so wichtiges Anliegen dadurch endlich besser *verworten* und freier als bisher und mit weniger Triggern behaftet Klartext reden.

Wir gehen davon aus, dass Sie, liebe Leser:innen, diese Handreichung ggf. abschnittsweise lesen und auch mal bei der Lektüre ‚springen‘, sodass zur Wahrung des Gesamtzusammenhangs eine gewisse Redundanz mit einigen Wiederholungen – auch dank nicht immer trennscharfer Kategorien – erforderlich bzw. nicht gänzlich zu vermeiden ist.

Diese Handreichung verfolgt einen pragmatischen, direkt aus dem Leben gegriffenen Ansatz, der auf unseren Kommunikationserfahrungen mit zahlreichen Mitbürger:innen, Politiker:innen und Aktivist:innen beruht.

Selbstverständlich möchten wir Autoren niemandem vorschreiben, wie sie:er sich auszudrücken hat. Unser Vorschlag: Greifen Sie sich die Begriffe und Argumentationen heraus, die Ihnen passend erscheinen. Alles andere lassen Sie einfach beiseite.

Wenn wir Autoren mit der Handreichung *SPRACHE MACHT ZUKUNFT* einen Beitrag zu konstruktiven Debatten rund um die Zukunft der Zivilisation leisten können oder auch nur angeregte Diskussionen zu einem neuen, zukunftsfähigen Wording/Vokabular entfachen, haben wir unser Ziel erreicht.

---

[c] Constantin Gröhn und Sarah Köhler fassen dies in Ihrem 2021 erschienenen theologischen Konzeptpapier *Paradising*, in dem sie ebenfalls ein neues Wording fordern, in folgende Worte: „Mit Sprache erzeugen wir Bilder. Diese Bilder zeigen nicht, wovon wir wegwollen, sondern worauf wir zulaufen und wofür wir einstehen. Sprache ist der Beginn einer neuen Kultur.“

Auf der folgenden Seite listen wir für Eilige die Top 15 unserer Wording-Empfehlungen. Wir Autoren regen an, diese Seite zu scannen und als Plakat auszudrucken.

Sodann skizzieren wir in **Abschnitt 2** unsere **Hauptaussage**. Sie verkörpert das Ergebnis unserer Analyse des Zustandes der Welt. Daraus ziehen wir drei grundlegende Folgerungen. Auf dem Gedankengebäude der Hauptaussage bzw. den drei Folgerungen beruht das gesamte hier vorgeschlagene Wording.

In **Abschnitt 3** stellen wir die **Ausgangspunkte zur Schaffung bzw. Nutzung eines neuen, zukunftsfähigen Wordings** dar. Des Weiteren geben wir Hinweise zu typischen Gesprächsfallen, die zu vermeiden sind, um Gespräche fruchtbar(er) gestalten zu können. Wir haben in diesem Sinne auch konstruktive Argumentationsvorschläge erarbeitet.

Der ‚**Proaktives Wording**‘ betitelte **Abschnitt 4** bildet das Herzstück dieser Handreichung.

Hier gibt es vier Listen:

- **4.1 Neues Wording:** eine Sammlung von bislang weitgehend unbekannten Begriffen, die gezielt in die Debatte eingebracht werden können, weil sie z. B. neue Sachverhalte beschreiben.

- **4.2 Weitere hilfreiche Begriffe:** Hierbei handelt es sich um ein Vokabular, das i. d. R. selbsterklärend ist und daher leicht in Diskussionen eingebracht werden kann.

- **4.3 Wording, das alte Begriffe ersetzt:** ein Wording, welches konservativ besetzte Begriffe durch triggerfreie[d] sowie die Situation aus unserer Sicht besser beschreibende Alternativen ersetzt.

- **4.4 Zu vermeidendes Wording (Top 25):** Hinweise zu ‚verbrannten Begriffen‘, die zu besetzt oder zu verwässert sind, um sie noch zu benutzen.

Abschnitt 5 ‚**Proaktives Wording in der Praxis**‘ enthält pragmatische Vorschläge, wie das in Abschnitt 4 erörterte Vokabular in Diskussionen und Argumentationen eingesetzt werden kann.

Abschnitt 6 ‚**Fazit und Ausblick**‘, ein **Hinweis zu Klimaangst** sowie das **Quellenverzeichnis** schließen diese Handreichung ab.

Vorschläge sind uns willkommen unter Sprache-Macht-Zukunft.de!

---

[d] Triggerfreie Begriffe sind ‚auslöserfrei‘, d. h., sie lösen i. d. R. keine großen Emotionen oder Erinnerungen aus.

Wer die öffentlichen Zustände ändern will, muss bei der Sprache anfangen.

Konfuzius

Top 15 ‚SPRACHE MACHT ZUKUNFT'

1. **zukunftsfähig** >> *statt nachhaltig, enkeltauglich (Zukunftsfähigkeit >> statt Nachhaltigkeit, Enkeltauglichkeit).*

2. **multiple Krise** >> *statt Klimakrise – und stets das* sechste Massenaussterben *einbeziehen, sonst erzählt man nur die ‚halbe Geschichte'.*

3. **Null-Emissionen, Emissionsfreiheit** >> *statt Klimaneutralität (emissionsfrei >> statt klimaneutral oder Netto-Null).*

4. **Steigerungslogik, (mehr) Mehrverbrauch** >> *statt Begriffen, die das Wort ‚Wachstum' beinhalten.*

5. **Energieknappheit** >> *statt Energiearmut.*

6. **(gesamt)gesellschaftliche Transformation** >> *statt sozial-ökologische Transformation.*

7. **Wohlergehen** >> *statt Wohlstand, Lebensstandard.*

8. **Erderhitzung** >> *statt Klimawandel oder Erderwärmung.*

9. **Mitwelt** >> *statt Umwelt.*

10. **Genügsamkeit** >> *statt Verzicht (genügsam sein, unterlassen >> statt verzichten).*

11. **Menschheitsschutz, Menschenschutz, Lebensschutz** >> *statt Klimaschutz bzw. Umweltschutz.*

12. **Naturzerstörung** >> *statt Umweltverschmutzung bzw. Umweltzerstörung.*

13. **Mobilität** >> *statt Verkehr.*

14. **Lebensgewohnheiten** >> *statt Lebensstandard, Lebensstil.*

15. **Grenze** >> *statt Ziel – bezogen z. B. auf das Klima. Grenzen bezeichnen ein Maximum und eine Beschränkung, Ziele hingegen sollen erreicht werden.*

Stets ist auf die *Begrenztheit unserer Welt* zu verweisen:
„Wir leben in einer begrenzten Welt, in der man nur das verteilen kann, was da ist."

Aus:
SPRACHE MACHT ZUKUNFT – Ein klimagerechtes und zukunftsfähiges Vokabular. Eine Handreichung von Wolfgang Lührsen und Marc Pendzich, erschienen als Buch, 19×27 cm, 84 Seiten, 14 EUR, ISBN 978-3-7347-7401-0 und Website https://sprache-macht-zukunft.de.

2. Hauptaussage zum Zustand der Welt als Basis für ein neues Vokabular (Wording)

Das in dieser Handreichung vorgestellte Vokabular/Wording fußt auf unserer Analyse des Zustandes der Welt. Deren Ergebnis lautet zusammengefasst wie folgt:

Wir leben in einer begrenzten Welt, in der man nur das verteilen kann, was da ist.

Daraus ergeben sich drei grundlegende Punkte:

- **Wir Menschen haben kein ‚Klimaproblem‘, sondern ein gewaltiges Gesellschaftsproblem,** dessen

    - *Ursachen* u. a. in der empfundenen Trennung des Menschen von der Natur sowie der (ökonomischen) Steigerungslogik (↑ S. 52) liegen und dessen

    - *Symptome* die Klimakrise und das sechste Massenaussterben sind.

    Wir befinden uns in einer Überlebenskrise der Menschheit. Zur *Abmilderung* – mehr ist nicht mehr möglich – der Erderhitzung und des sechsten Massenaussterbens bedarf es eines Endes der fossilen Energien sowie eines Endes der Übernutzung der Mitwelt. Vor allem aber bedarf es dazu einer alle Lebensbereiche umfassenden (gesamt)gesellschaftlichen Transformation.[e] Die Alternative dazu wäre: Zivilisationskollaps, milliardenfaches Leid und Tod.

- **Erforderlich ist die absolute Priorisierung der Einhaltung der planetaren Belastungsgrenzen und zwar unabhängig von sonstigen Krisen.** Bislang musste die Abmilderung der existenziellen multiplen Krise der Mitwelt bei jedem großen und kleinen Anlass stets zurückstehen. Es ist ganz klar: Auf Basis der gegenwärtigen Wertvorstellungen wird es immer vorgeblich aktuellere/dringendere Dinge geben. Bleibt das so, wächst sich die derzeitige Krise zur ökologischen Katastrophe (↑ S. 51) aus, die mit dem Kollaps der Zivilisation sowie dem Verlust unserer Lebensgrundlagen einhergeht. Es bedarf folglich eines grundlegenden Mentalitätswandels hin zum – wie Bruno Latour es 2022 nennt – terrestrischen Menschen, der vollumfänglich verinnerlicht, dass er Teil der Erde ist.[4]

- In einer begrenzten/vollen Welt (↑ S. 40) ist es die zentrale Aufgabe der Ökonomie, das Wohlergehen (↑ S. 52) der Menschen – aller Menschen – zu befördern und für eine klimagerechte (↑ S. 43), angstfreie Daseinsvorsorge innerhalb der planetaren Belastungsgrenzen zu sorgen.

---

[e] Vgl. *unhelpful belief*: „Climate change is about emissions, not systems", s. *FJC* 2020.

3. Ausgangspunkte für ein neues, zukunftsfähiges Wording

Für diese Handreichung gehen wir Autoren von folgenden Grundannahmen aus:

3.1 Allgemeines

- „Wer die öffentlichen Zustände ändern will, muss bei der Sprache anfangen." (Konfuzius)

- Wording bzw. Framing kann sehr wirksam sein. Das zeigt z. B. der Frame ‚Wirtschaftsflüchtlinge'; Definitionen der Begriffe ‚Wording', ‚Framing', ‚Grunderzählung' etc. ↑ S. 31.

- Die Veränderungswilligen – wir Autoren nennen sie Proaktive – besitzen bislang keine Deutungshoheit. Zur Erlangung derselben können ein anderes Wording sowie neue Grunderzählungen (‚Narrative') beitragen.

- Was man bspw. einer:einem Zwölfjährigen nicht erklären kann, kann man nicht mehrheitsfähig darlegen. Auch sind lange Sätze, Substantivierungen, der Einsatz von Fremdwörtern sowie ein bürokratisch-akademisches Deutsch so weit wie möglich zu vermeiden.

- Aus einem neuen Wording kann eine neue Grunderzählung (‚Narrativ') hervorgehen. Auch diese ist so anzulegen, dass sie von Zwölfjährigen verstanden werden kann.

- Schon durch kleine sprachliche Verschiebungen kann man Veränderungen im Weltbild erreichen. Ein Beispiel: Das viele Jahre lang so bezeichnete ‚Familienministerium' könnte bspw. künftig als ‚Ministerium für Gender und generationengerechtes Zusammenleben' bezeichnet werden.

- Die Begriffe ‚wir' und ‚uns' sind mit Bedacht zu benutzen, da immer klar sein muss, wer bzw. welche Gruppe damit jeweils gemeint ist. Hierfür ist in Diskussionen zunächst das ‚Wir' zu definieren, bspw. durch einen Satz wie: ‚Wir im globalen Norden' (↑ S. 52 ‚Staaten/Nationen, die frühindustrialisierten'). Zu vermeiden ist ein polarisierendes ‚Wir': ‚Wir' soll i. d. R. nicht dazu dienen, um sich von anderen Gruppen abzugrenzen.

- Auch Proaktive haben Angst und sprechen dies aus: Angst vor dem möglichen ökologischen Kollaps. Angst vor dem Weniger. Angst vor Veränderung. Das ist zutiefst menschlich (↑ S. 70 ‚Hinweis zu Klimaangst').

- Proaktive erwähnen ihre Sterblichkeit: Das erdet.

- Man kann auch *für* etwas sein. Wichtig ist, dabei konkret zu sein: z. B. *für* die Abkopplung der Mieten von Spekulation. *Für* die Umstellung auf 100 % erneuerbare Energien.[f] *Für* eine angstfreie Daseinsvorsorge.

---

[f] Elisabeth Wehling lehnt den Begriff ‚erneuerbare Energien' ab, da hier nahegelegt werde, dass Menschen immer wieder etwas tun müssen, um die Energie zu ernten: „Das Wort ‚erneuerbar' macht die Nutzung unerschöpflicher Energiequellen in unseren Köpfen anstrengend. Und es impliziert zugleich, dass Wasser, Sonne, Erdwärme und Wind verschleißen, indem wir ihre Energien nutzen. Denn was erneuert werden muss, ist vorher abgenutzt worden" (Wehling 2016, 189). Korrekter wäre der Begriff „sich erneuernde Energien", vgl. ebd., 189.

3.2 Thema ‚Katastrophismus'

Katastrophismus ist kontraproduktiv. Die Wahrheit ist dem Menschen zumutbar.

- ‚Schreckensnachrichten'/Warnungen/Katastrophismus/Kassandra-Rufe verpuffen.
  - Es folgen Beispiele für Katastrophen, die berechtigterweise als ‚heftig' wahrgenommen werden sollten, nach unserer Einschätzung jedoch politisch/medial/gesellschaftlich nicht angemessen eingeordnet wurden:
    - Fukushima, 2011 >> Eine Abkehr von der Atomkraft sowie eine konsequente Hinwendung zu erneuerbaren Energien haben trotz dieser ‚größten anzunehmenden Katastrophe' nicht stattgefunden.
    - Krefelder Studie, 2017: „¾ aller Insekten sind seit 1989 verschwunden."[5] >> Ein paar Zeitungsartikel, Aktivitäten in Bayern, doch ein *bundesweites* wirkmächtiges gesellschaftliches Echo gab es nicht.
    - Ahrtal, 2021, Hochwasserkatastrophe in Rheinland-Pfalz und Nordrhein-Westfalen, in den Niederlanden, in Belgien und in Luxemburg, die meist auf die Ereignisse im Ahrtal verkürzt wird. >> Auch das Ahrtal gilt den meisten Mitbürger:innen Deutschlands offensichtlich noch als ‚weit weg'.

- Der Umweltpsychologe Per Espen Stoknes liefert uns einen Ansatz zur Erklärung der politischen/medialen/gesellschaftlichen Hindernisse auf dem Weg zu konsequentem Überlebenshandeln.
  - Die Fünf Defensivlinien oder ‚Fünf D's (‚Five Defenses', nach Stoknes 2015):
    1. Distance – *Entfernung*, zeitlich, räumlich, persönlich (>> Nähe: Es fehlt das Gefühl/Bewusstsein, dass es eine:n selbst betreffen könnte: ‚Ja, was heißt/bedeutet es denn für mich?')
       Mögliche Antworten auf die Frage ‚Was sind die Dinge, die demnächst mit einiger Wahrscheinlichkeit aufgrund der multiplen Krise eintreten?': ‚Mangelerscheinungen' im medizinischen Bereich durch fehlende (Herz-)Medikamente; durch Lieferengpässe bei bestimmten Wirkstoffen; man stelle sich vor, gängige Diabetes-, Bluthochdruck- oder Krebsmedikamente oder Antidepressiva wären nicht lieferbar. Und: soziale Verwerfungen; Armut größerer Teile der Bevölkerung in Deutschland durch zuvor nicht eingeforderte und deshalb fehlende Klimagerechtigkeit; massive Beeinträchtigungen durch von Extremwettern verursachte Infrastrukturzerstörungen; weitere Pandemien; Demokratie- und Rechtsstaatverlust; Krieg.
    2. Doom (=Untergang) – *Thema meiden* wg. Hilflosigkeit, die stetige Wiederholung führt zur Abstumpfung. Die Botschaft der Angst geht ‚nach hinten los'.

3. Dissonance – *Mindern durch Relativierung*, die Welt sich so zurechtdenken, dass es passt: Eine wesentliche Aufgabe des Verstandes ist, das zu rechtfertigen, was das Unterbewusste entschieden hat.[8]

4. Denial – *Leugnen* beruht auf *Selbstverteidigung* und *nicht* auf Unwissenheit, Intelligenz oder zu wenigen Informationen.

5. Identity – *Identität*: Wir Menschen filtern Nachrichten durch unsere persönliche, berufliche und kulturelle Identität. Die Identität setzt sich über die Fakten hinweg.

Fazit: Es ergibt keinen Sinn, frontal *gegen* die Fünf D's anzugehen. Es geht bildlich gesprochen darum, um die ‚mentale Schutzmauer' *herum* zu gehen. Hierzu können z. B. ein neues Wording und eine neue Grunderzählung beitragen. Damit vermeidet man auch die immer gleichen Diskussionen, bei denen man gar nicht zum Punkt kommt, sondern sich in Details und Einzelfällen verfängt.

- **Weitere Hinweise zum Thema ‚Katastrophismus':**

  - Oft wird das Waldsterben der 1980er-Jahre zur Gegenargumentation herangezogen: Dies sei nicht in der Form eingetreten wie prognostiziert. Doch es nützt schon rein logisch nichts, darauf zu verweisen, dass eine Voraussage in der Vergangenheit nicht eingetreten ist, um irgendetwas in der Gegenwart zu beweisen. Es geht um die jetzige Voraussage, und nur um diese. (Anmerkung: Das *große* Waldsterben ist damals letztlich aufgrund der umgesetzten Gegenmaßnahmen wie bspw. der Großanlagenfeuerungsverordnung nicht eingetreten.)

  - Viele Menschen, die als ‚Wohlstandsmenschen' gelten dürfen, glauben – egal, wie viel sie besitzen, nahezu egal, in welchem sozialen Milieu sie verortet sind –, viel verlieren zu haben, sodass sie den Jetzt-Zustand gegenüber Veränderung bevorzugen; sie haben Angst und sind angstgesteuert. Viele ‚wohlständige' Menschen verhalten sich in Krisen wie ‚verschreckte Kaninchen' und reagieren verlustangstgeplagt passiv-aggressiv; vgl. ‚Klopapier-Hamstern' in der Anfangszeit der Corona-Pandemie sowie die ‚(Speise-)Ölkrise' infolge der russischen Invasion.

  - Wer das *emotionale* Begreifen des Ist-Zustandes der Welt zulässt, wird nicht anders können, als seine bisherige Lebensweise, ja, u. U. weite Teile seiner Biografie in Frage zu stellen. Das wissen viele Menschen unbewusst – und viele kapseln sich gegen die ‚unbequeme Wahrheit' ab. Das mag auf den ersten Blick verständlich sein, denn leicht ist diese Selbstkonfrontation nicht – s. auch Spielfilm *Don't Look Up* u. a. mit Jennifer Lawrence und Leonardo DiCaprio. Doch tatsächlich steht die Zivilisation auf dem Spiel und mit ihr große Teile des Lebendigen.

---

[8] „Der Hirnforscher Gerhard Roth von der Universität Bremen drückt es noch radikaler aus: Nicht die Vernunft lenke primär unser Handeln, sondern Affekte und Emotionen. Das geschehe oft unbewusst" (Osterath 2018). Harald Welzer beschäftigt sich ausführlich mit der sog. kognitiven Dissonanzreduktion (vgl. Welzer 2016, 32f.).

- In proaktiven Kreisen wird viel darüber nachgedacht, wie eine positive, motivierende Grunderzählung (,Narrativ') aussähe, die man den Mitbürger:innen erzählen könnte, damit sie bei der gesamtgesellschaftlichen Transformation mitziehen. Klar ist, dass den Menschen ihre Angst nicht durch ein fantastisch-positives Konsum-versprechendes ,Narrativ' genommen werden kann. Jede einigermaßen realistische Grunderzählung wird die Botschaft des ,Weniger' beinhalten.

- Zu bedenken ist weiterhin Folgendes: Wer etwas zu Gutes vorgaukelt, ist nicht authentisch. Ehrlichkeit ist erforderlich. Wichtig ist, den Bürger:innen eine *neue Perspektive* zu geben, z. B. in Form einer angstfreien Daseinsvorsorge.

> *Kein Narrativ, sondern eine Feststellung:*
> **Menschen wollen dazugehören. Menschen tun, was alle tun.**
>
> Der Psychologe Robert Cialdini hat herausgefunden, welche Art der Kommunikation besonders motivierend/verhaltensändernd wirkt: die Mitteilung, dass sich die Mehrheit der Nachbar:innen oder Mitbürger:innen bereits so und so verhalte. Die soziale ,Norm' – ,ich mache, was alle tun' – ist als Verhaltensmaßstab offensichtlich sehr, sehr wichtig (vgl. Schnabel 2022, 175f.). So führt Matthias Sutter (2020) dazu Folgendes aus: „Dazugehören und so leben zu wollen wie andere ist ein sehr starkes Motiv menschlichen Verhaltens." Das bedeutet: Solange ,alle' fliegen, wird geflogen. Deshalb hat das mitgeteilte eigene Verhalten (wenn auch nicht immer direkt sichtbar) eine große Außenwirkung (vgl. haltung.handbuch-klimakrise.de).
> Wir Autoren haben den Eindruck, dass, solange der Staat menschheitsschädigende Dinge wie SUVs und Massenflugverkehr zulässt, viele Bürger:innen (unbewusst oder auch bequem-bewusst) davon ausgehen, dass diese Dinge demnach auch *okay* sind, denn – so geht wohl das Gedankenspiel – wenn diese Dinge wirklich so schädlich wären, wie Mitweltbewegte behaupten, hätte der Staat sie doch längst verboten, vgl. Nahrungsmittelzusätze, Fliegen, Kreuzfahrten, Tempolimit etc.

- Ereignisse wie ,Ahrtal' und ,Fukushima' werden i. d. R. allesamt als Einzelfälle bzw. Unfälle wahrgenommen – weil sie nicht in eine übergeordnete Grunderzählung (,Narrativ') eingewoben sind, die die Dinge in einen Gesamtzusammenhang, in ein Gesamtbild bringt: Eine solche allgemein bekannte, Einzelfälle in einen Gesamtzusammenhang stellende Grunderzählung gibt es bislang nicht. Eine Einbindung dieser Einzelfälle als zusammenhängende, auf eine gemeinsame Ursache zurückführbare Ereignisse in eine Grunderzählung würde dazu führen, dass es Allgemeinwissen wäre, das bspw. mehr Tanker auf den Ozeanen mehr Tankerkatastrophen bedeuten.

- Dass wir, die Menschheit bzw. die Gesellschaft, ein im System liegendes Problem haben (das so groß ist, dass unsere Lebensgrundlagen existenziell bedroht sind), dem man nur mit Systemveränderung bzw. ins Gesamtsystem eingreifend begegnen kann, ist bislang kaum öffentlich vertreten worden bzw. nicht Teil der veröffentlichten Meinung.

3.3 Thema ‚fehlender Klartext'

Auch Proaktive reden bislang keinen Klartext.

- **Proaktive untertreiben tendenziell** oder drücken Dinge oft absichtlich vernebelt/ver-klausuliert/allgemein aus, weil sie

  - sich nicht Katastrophismus unterstellen lassen wollen bzw. sich nicht als Weltunter-gangsprophet:innen diffamieren lassen möchten.

  - verhindern wollen, dass sich jemand von ihnen persönlich angegriffen fühlt (was leicht der Fall ist).

- **Das bedeutet: Proaktive weichen aus.** Durch dieses Ausweichen und die verklausulierte Ausdrucksweise haben die Probleme alle letztlich nichts mit uns selbst zu tun und blei-ben ‚schön theoretisch'.

- Proaktive vermeiden jedoch nicht nur die richtigen, treffenden Worte – sie haben eine entsprechende klare Sprache noch gar nicht entwickelt, d. h. selbst dann, wenn sie Klar-text reden wollten, fehlten ihnen (teilweise) die Worte dafür:

  - **Nicht einmal Proaktive können bislang präzise und knapp in Worte fassen, was ‚Sache ist'**, d. h., wie kritisch die Situation ist und wie umfassend die erforderlichen Maßnahmen ausfallen müssen. Dabei gilt: Was man nicht verworten kann, kann man auch nicht beschreiben, nicht erklären und nicht verstehen – und erst recht nicht emo-tional begreifen (↑ S. 11).

  - **Proaktive haben bislang ein zu kleines eigenes Wording.** Dies stellen auch Bruno Latour und Nikolaj Schultz fest, wenn sie schreiben: Sie, die Proaktiven, sind „noch […] weit davon entfernt, auf ihre Weise und *mit ihren eigenen Begriffen* die Fronten um sie herum zu bestimmen und so die Gesamtheit ihrer Verbündeten und Gegner in der politischen Landschaft auszumachen."[6]

  - **Proaktive verwenden daher i. d. R. das Vokabular der ‚alten Welt'** und verheddern sich darin, weil sie damit sogleich falsche Grunderzählungen mitschwingen lassen bzw. die falsche Geschichte erzählen.

- **Proaktive verwenden bislang oftmals verneinende Begriffe** wie ‚Un-, ‚Anti...', ‚Degrowth' oder verneinende Satzkonstruktionen mit ‚nicht' oder ‚kein'. Solche Begriffe/ Sätze führen kognitiv jedoch zu den gleichen Frames wie das Originalwort: Der *Haupt-begriff* startet das Framing.[h] Dies ist ein weiteres wichtiges Argument für ein anderes, proaktives Wording. Und selbst dann, wenn man von ‚keinem Wachstum' oder ‚nach

---

[h] Vgl.: „Denn wann immer man eine Idee verneint, aktiviert man sie in den Köpfen seiner Zuhörer oder Leser. Einen Frame zu negieren bedeutet immer, ihn zu aktivieren" (Wehling 2016, 52), vgl. auch: „Unserem Gehirn ist es vollkommen egal, ob wir eine Idee bejahen oder verneinen. Es tut in beiden Fällen dasselbe: Es ruft erst einmal die Idee auf, um die es geht. Nur so kann es ja begreifen, was es zu bejahen oder zu verneinen gilt" (ebd., 55), s. auch: „Wann immer man in der politischen Debatte also gegen bestimmte Maßnahmen oder Ideologien argumentiert, verheddert man sich sprachlich – und damit gedanklich – in der Weltsicht des Gegners, anstatt in den Köpfen seiner Zuhörer einen Frame zu aktivieren, der von der eigenen politischen Weltsicht erzählt. Will man sich gegen abwertende oder diffamierende Angriffe eines Gegners verteidigen, darf man eben nicht dessen Frame aufgreifen, sonst propagiert man in den Köpfen der Zuhörer genau das Bild, das diese Frames zeichnen" (ebd., 56).

dem Wachstum' (,Postwachstum') spricht, ist der Trigger (= Wachstum) gesetzt – und alle Geschichten, die man qua Sozialisation damit verbindet, schwingen mit und prägen die Atmosphäre des Gesprächs.[7] Ein berühmtes Beispiel: Der Satz des ,Watergate'-US-Präsidenten Richard Nixon – „I am not a crook" [,schlechter Mensch', ,Betrüger'] – hat das Gegenteil dessen bewirkt, was er sollte.

- Mit einem anderen Wording kann man auf neue Weise Klartext sprechen. Fakt ist: Mit dem bisherigen Wording ist allgemein keine Deutungshoheit in der gesellschaftlichen und politischen Debatte erreicht worden. Ein neues Wording kann zur Deutungshoheit beitragen.

3.4 Thema ,Rollenverteilung in Debatten'

Proaktive benötigen Deutungshoheit. Dazu ist eine Beweislastumkehr notwendig.

Wir Autoren gehen von folgenden Grundannahmen aus:

1. Wer sich erklären muss, d. h. sich rechtfertigt, verliert i. d. R. die Diskussion.

2. Überzeugend ist man, wenn man souverän gesprächsführend in der Offensive ist, die Ruhe behält und nicht krampfhaft überzeugen will.

3. Überzeugend ist man, wenn man faktenbasiert-präzise freundlich-emotional das eigene Erleben der Klimakrise und des sechsten Massenaussterbens schildert.

4. Die Gesprächspartner:innen haben meist keine Ideen, wie es weitergehen soll. Man kann sie durch gezielte, offene Inwieweit- und W-Fragen in Erklärungsnot bringen.

5. Wer etwas verändern möchte, steht bislang i. d. R. unter ,Erklärungszwang'. *Aber:* Das gilt nur in einer unbegrenzten (leeren) Welt. Bei einer gesellschaftlichen Entwicklung, die bei einem ,Weiter so' in die Katastrophe mündet, sind die *Befürworter:innen des jetzigen Systems* in der Erklärer:innen-Rolle. Erforderlich ist somit eine Beweislastumkehr, die Proaktive rhetorisch einfordern können, indem sie stets den Hauptgedanken kommunizieren, dass wir Menschen in einer begrenzten und vollen Welt leben: Die Verfechter:innen eines ,Weiter so' müssen dann nicht länger nur *behaupten,* dass ein ,Weiter so' okay ist, sondern es auch *beweisen.*

Proaktive müssen aus der Passivität herauskommen und eine aktive Rolle einnehmen.

In der *aktiven* Rolle kann man die Fürsprecher:innen des ,Weiter so' in die Position der Sich-Rechtfertigenden drängen. Es folgen Beispiele für entsprechende Aussagen bzw. Fragen:

- „Sie erklären ständig, *was alles* angeblich nicht geht. Aber das Einzige, was *wirklich* nicht geht, ist so weiterzumachen wie bisher."

- „Rechnen Sie mir das mal vor!"

- „Wie stellen Sie sich das konkret vor?"

Wenn sie:er daraufhin nichts Konstruktives mehr zur Debatte beitragen kann, dann ist sie:er nicht glaubwürdig – und das müssen Proaktive dann gleichfalls kommunizieren.

Beispiele für Fragen, auf welche hin die Anhänger:innen des ‚Weiter so‘ den entsprechenden Sachverhalt vorrechnen/erklären sollen:

- „Wie wollen Sie in Deutschland auf Null-Emissionen kommen, wenn Wind- und Solarenergie zurzeit in Deutschland etwa 7 % der Endenergie ausmachen – und wir dafür Jahrzehnte gebraucht haben?"[8]

- „Wie wollen Sie weltweit auf Null-Emissionen kommen, wenn Wind- und Solarenergie zurzeit weltweit etwa 1,8 % der globalen Endenergie ausmachen?"[9]

- „Wo ist er denn, Ihr Wasserstoff?". Hier folgt gewöhnlich die Aussage, dass man selbigen importieren werde. Dazu ist festzuhalten, dass alle Staaten massiv an ihrer Energiewende arbeiten (werden) und somit absehbar gar keine erneuerbare Energie übrig haben werden, die sie in Form von Wasserstoff exportieren können. Dies gilt mit der Einschränkung, dass die höhere Zahlungsfähigkeit des globalen Nordens dazu führen könnte, dass größere Mengen Wasserstoff importiert würden. Dies würde dann jedoch zu Lasten des Fortschritts der raschen Energiewende im globalen Süden (↑ S. 52) gehen – womit das Gesamtziel der globalen Null-Emissionen verfehlt würde. (Anmerkung: Wasserstoff ist ein Energieträger, keine neue Energie.)

- „Welche Konsequenz ergibt sich aus der Tatsache, dass alle Windkraftwerke Deutschlands zusammengenommen nur so viel synthetisches Kerosin generieren, wie für aus Deutschland abfliegende Passagiere benötigt wird?"[10] i

- „Wo sind sie denn, Ihre CO_2-Sauger im industriellen Maßstab? Und wo soll die Energie dafür herkommen? Und mit welchem Geld in *diesem* ökonomischen System wollen Sie das bezahlen?"

Ein weiteres in Diskussionen häufig aufgegriffenes Thema ist das sog. ‚grüne Wachstum‘.

- Grünes Wachstum versucht die weitere Steigerung des Bruttoinlandsprodukts (BIP) ‚grüner‘ zu gestalten. Dieser Ansatz hat zwei Schwachpunkte: Zum einen wird dabei ausgeblendet, dass eine hinreichend starke und dauerhafte Entkopplung des BIP vom Energie- und Ressourcenverbrauch nicht möglich ist.[11] Zum anderen wird weiterhin das *Monetäre* ins Zentrum gestellt, während die für das Überleben der menschlichen Zivilisation relevante Dimension die *planetaren Belastungsgrenzen* sind. Der Ansatz kann somit nicht dazu beitragen, eine Transformation voranzubringen, bei der ökologische und soziale Aspekte im Vordergrund stehen müssen.

---

i Aufmerksame Leser:innen werden es bemerkt haben: Somit würde *sämtliche* vorhandene Energie für den Flugverkehr verwendet. Eine Sache der Priorisierung.

Schließlich betrachten wir Autoren dieser Handreichung die Diskussionen um den ‚Veggie-Day' im Jahr 2013 als vertane Chance bzw. massiven Einschnitt in die politische Diskussionskultur in Deutschland: Die *Grünen* kassierten hier seinerzeit defensiv ihren eigenen Vorschlag und verloren auf diese Weise massiv an Glaubwürdigkeit. Seither wurde und wird besonders bei den *Grünen* peinlichst darauf geachtet, in Bezug auf Zumutungen unkonkret zu bleiben sowie alle wirksamen und erforderlichen gesellschaftlichen Veränderungen *nicht* zu benennen. Wir Autoren regen an, daraus zu lernen und stattdessen auch im Falle der herabsetzenden Gegenrede *offensiv* zu insistieren, dass – um bei diesem Beispiel zu bleiben – weniger Fleisch- und Fischkonsum sowohl ökologisch, klimapolitisch, tierwohlbedingt, ethisch als auch gesundheitlich erforderlich ist und somit vom Gesetzgeber auf die Verringerung des Tiereiweißkonsums hinzuwirken ist (↑ S. 62, ‚Gesundheitsaspekt von konventionellem Fleisch').

Proaktive lehnen es ab, stets aufs Neue die Grundlagen zu erklären.

- Es ist nicht die Aufgabe von Proaktiven, bei Diskussionen wissenschaftlich längst bekannte grundlegende Fakten erneut zu erklären. Es bietet sich an, in dem Fall kurz darauf zu verweisen, dass man auf der Basis der Berichte des Weltklima- bzw. Weltbiodiversitätsrats argumentiert. In anderen Umgebungen wie einem Bürger:innenrat kann man kurz in das gesicherte Wissen einführen. Es ist jedoch abzulehnen, hierüber noch Diskussionen zu führen, insbesondere dann, wenn der Eindruck entsteht, dass die:der Gesprächspartner:in etwas nicht verstehen *will*.

  - Eine Art ‚Lackmustest' dahingehend, ob man sich in einer Diskussion mit einer:einem Gesprächspartner:in noch auf rationalem Terrain oder schon im Verschwörungsgedankenmilieu befindet, ist die folgende Frage: „Welcher Beleg könnte Sie/Dich vom Gegenteil überzeugen?"[12] Wird die Existenz eines solchen Belegs für unmöglich erachtet, können Sie Ihr Gegenüber genau darauf hinweisen – und dann vorschlagsweise das Thema wechseln, denn:

- Es ist *nicht* Aufgabe von Proaktiven, eine:n Anhänger:in des ‚Weiter so' vom Gegenteil zu überzeugen. So irritierend das sein mag, ist es doch so: Sie:Er *will* nicht überzeugt werden.

- Vorrangig ist etwas anderes: Es gilt, (in der Diskussion und Gesellschaft) die *Deutungshoheit* zu erlangen – d. h., die ‚kulturelle Hegemonie' des ‚Weiter so' zu beseitigen. Beispielsweise sind bei einer Podiumsdiskussion nicht vorrangig Gesprächspartner:innen, sondern z. B. die zukunftsoffenen *Zuschauer:innen* des Gespräches zu überzeugen.

  - Ulrich Schnabel formuliert dies 2022 im Zusammenhang mit Verschwörungsmythen wie folgt: „Widerspruch lohnt sich auch in einer Gruppensituation, in der ein Verschwörungsmythiker[j] das große Wort führt und die anderen stumm zuhören – nicht, um den Redner zu überzeugen, sondern um die Zweifelnden zu unterstützen."[13]

---

[j] Im Originaltext steht hier „Verschwörungstheoretiker". Die Autoren lehnen die Nutzung dieses Wortbestandteils „Theorie" ab, weil er eine unzulässige Aufwertung der Verschwörungserzählungen bedeutet.

- Oft wird vom Gegenüber die historische Perspektive gewählt, um den Versuch zu unternehmen, die vermeintliche Unmöglichkeit bestimmter Veränderungen zu belegen. Hierzu ist festzuhalten, dass

    - die Weltsituation heute eine vollkommen andere ist, als jemals zuvor: Sämtliche anderen gesellschaftlichen oder mitweltlichen Mega-Krisen zuvor kollidierten nicht (unmittelbar) mit den globalen Belastungsgrenzen des Planeten.

    - es durchaus eine Reihe von äußerst positiven Beispielen gibt, die zeigen, dass große, gesamtgesellschaftlich Transformationen möglich sind: Abschaffung der Sklaverei, mehr Gleichbehandlung infolge der US-Bürgerrechtsbewegung, Wahlrecht für Frauen, Abmilderung mannigfacher Diskriminierungen etc.

- Verlagern Sie ggf. den Diskussionsschwerpunkt von ‚Unwissenheit‘ zu ‚Risiko‘, d. h. von

    - vorgeblich ‚noch bestehendem Forschungsbedarf‘,

    - der oft zu hörenden ‚Komplexitätsbehauptung‘, d. h. der Behauptung, dass das ganze System zu komplex sei, um irgendwelche Aussagen über die zukünftige Entwicklung machen zu können und

    - der trivialen Bemerkung, dass niemand exakt die Zukunft kennt,

    hin zu ‚Risiko bei Nichthandeln‘ und Klima- bzw. Generationengerechtigkeit.

- Weisen Sie bei unzureichend erscheinenden Vorschlägen vom Gegenüber ggf. auf den Zeitnotstand hin: „Vor 20 Jahren hätte ich Ihnen wahrscheinlich zugestimmt. Doch inzwischen sind wir schon mitten in der multiplen Krise angekommen. Jetzt sind damals ausreichende Maßnahmen: völlig unzureichend. Für ‚Reformen‘ / Brückentechnologien haben wir jetzt keine Zeitreserven mehr.“

Es gibt zu viele Fakten und Zahlen – hier bedarf es ‚Abkürzungen‘. Unser Vorschlag: Die einzige Zahl, die wir noch regelmäßig in die Diskussion einbringen, ist die folgende:

„Der Anteil von Wind und Solar an der globalen Endenergie beträgt im Jahre 2019 erst 1,8 %.“[k]

Daraus folgt: Egal, welches Datum für die Erreichung von Null-Emissionen vorgeschlagen wird – 2028, 2035, 2045, 2050 – wir Menschen haben schlicht gar *kein* Frei-

> **Erläuterung der verschiedenen Berechnungsarten von Energie:**
>
> - **Primärenergie**: in der Natur vorkommende Primärenergieträger, z. B. Erdöl, Erdgas, Wind oder Sonnenlicht.
>
> - **Endenergie**: in Geräten für Verbraucher:innen einsetzbare Sekundärenergieträger, z. B. Diesel, Erdgas oder Strom (nach Blüm 2022).
>
> Der Unterschied zwischen Primär- und Endenergie ist im Wesentlichen die bei der Erzeugung von Strom aus fossilen Quellen entstehende Abwärme.
> Die Endenergie ist daher der bessere Parameter, um zu beschreiben, wie sich die Energiedienstleistungen einer Gesellschaft entwickeln.

---

[k] Lührsen, Wolfgang u. Pendzich, Marc (2022): „Zusammenfassung ‚Anteil der Erneuerbaren Energien „Wind“ und „Solar“ an der Endenergie weltweit und in Deutschland‘ – den einzigen Erneuerbaren Energien, die skalierbar sind.“ In: *Handbuch Klimakrise*, online unter aufstellung.handbuch-klimakrise.de.

schuss-CO$_2$-Budget übrig. Solche Jahreszahlen ergeben daher keinen Sinn mehr: Alle Kraft, alle Energie ist in den Umbau der Gesellschaft und der Energie zu stecken. Für *nice-to-haves* sind weder Zeit noch Energie noch Ressourcen noch CO$_2$-Budgets vorhanden.

Weiterer Zahlen bedarf es nicht. Aus unserer Sicht werden auf Basis dieser Zahl eine ganze Reihe von Diskussionen, Ausreden und Zahlenspielereien hinfällig.

Proaktive wehren sich stets gegen die Verwässerung ihrer Aussagen.

- Bei der als ‚Strohmann-Taktik' bezeichneten, gern und oft verwendeten Rhetorik-Figur wird dem Gegenüber (hier: der:dem Proaktiven) durch Vereinfachung, Übertreibung, Verallgemeinerung oder Weglassen ein Standpunkt unterstellt, den sie:er so gar nicht eingenommen hat. Hier sollte man sofort einhaken und verdeutlichen, dass dies nicht dem selbst Gesagten bzw. dem eigenen Standpunkt entspricht. Andernfalls werden Zuschauer:innen tendenziell das von Ihnen Gesagte verfremdet wahrnehmen – und für Sie wird es im Folgenden unnötig schwer, Ihre Argumente einzubringen.[14]

Proaktive wiederholen bewusst ihre Aussagen.

- Wiederholungen ‚stabilisieren' das Gesagte: Was immer wieder erzählt und behauptet wird, klingt zunehmend plausibel bzw. selbstverständlich.

  - „Schon Martin Luther wusste um das Wesen von *Fake News*: ‚Eine Lüge ist wie ein Schneeball: Je länger man ihn wälzt, desto größer wird er'."[15]

  Tatsächlich stellen Forscher:innen Folgendes heraus:

  - „Mit jeder Wiederholung wurden die Aussagen als glaubwürdiger empfunden – selbst dann, wenn sie mit dem Hinweis ‚falsch' gekennzeichnet wurden. [Und:]

  - ‚Jeder Nutzen eines solchen Hinweises wird umgehend ausgelöscht durch den Effekt der wiederholten Darstellung'"[16], „denn das Gehirn kann Informationen, die es zuvor schon einmal gehört hat, leichter verarbeiten."[17]

  Diesen „Scheinwahrheitseffekt"[18] können sich auch Proaktive zunutze machen.

- Ist zur Widerlegung einer falschen Aussage deren Nennung/Wiederholung nicht zu vermeiden, empfiehlt Ulrich Schnabel, selbige ‚als Sandwich' zu servieren: erst Nennung der Fakten, dann Bezug auf die falsche/unbewiesene Behauptung – und am Ende gezielt die Wiederholung der Fakten.[19]

Proaktive bleiben immer und jederzeit auf der Grundsatzebene.

- **Proaktive lassen sich nicht in Detailfragen verstricken** wie die oft aufgebrachte Frage nach der Krankenschwester, die morgens um 5 Uhr keinen ÖPNV vorfindet (‚Whataboutism‘[1]). Geht man darauf ein, hat die andere Seite ihr Ziel bereits erreicht: Zu den wichtigen Fragen, denen sich Befürworter:innen des ‚Weiter so‘ nicht stellen möchten, kommt es dann gar nicht mehr.

  - Detailfragen betreffen stets das bestehende System. Bei ihnen geht es um Reformierung/Optimierung/Anpassung des Systems. – Wir Menschen benötigen vielmehr ein ‚*outside the box*‘-Denken und da ist es schlicht zu früh für Details. Hier geht es um *Grundlegendes*: erst das große Ganze, dann die Details (↑ S. 40, ‚Transformation, die‘).

  - Detailfragen kann man gezielt umschiffen, indem man sie als solche benennt und dann auf die Grundsatzebene zurückkehrt, d. h. einen Themenwechsel bewusst einleitet, z. B. mit folgender Aussage: „Verstricken wir uns nicht in Details / Für Details ist es zu früh – betrachten wir die Sache mal aus einer größeren Perspektive / Wenden wir uns lieber den großen Fragen zu." Das geht erstaunlich gut, probieren Sie es einmal aus.

- Der Forderung nach der Klärung grundlegender Erwägungen wird gern wie folgt begegnet: Olaf Scholz bspw. nimmt i. d. R. für sich in Anspruch, einen konkreten Plan zu haben, und wirft seinen politischen Gegner:innen routiniert vor, dass sie nur die Situation beschreiben, ohne Vorschläge zu unterbreiten. Auf den Hinweis, dass seine Problemwahrnehmung eine *andere* (und zwar untertreibende) sei, reagiert er mit (scheinbarer) Empörung. Diese vorgetragene Empörung muss die:der Proaktive aushalten und ihren:seinen Standpunkt, über Grundlegendes sprechen zu wollen, bekräftigen.[20]

- **Proaktive betonen in ihrer Argumentation stets das Soziale und *nicht* die Naturwissenschaft.** Auf diese Weise können Proaktive die sich selbst als ‚sozial‘ sehenden Debatten-Teilnehmer:innen sinnbildlich bzw. argumentativ vor sich ‚hertreiben‘, weil Proaktive deren *eigene* Argumente für ‚Veränderung‘ statt für ein ‚Weiter so‘ nutzen.

  - Ökologisches Handeln ist immer soziales Handeln, denn es ist globales sowie am Gemeinwohl orientiertes Handeln. Sozial ohne ökologisch gibt es nicht. Wenn etwas nicht ökologisch ist, ist es nicht sozial. Angesichts des drohenden Verlustes der Zivilisation bzw. der Lebensgrundlagen sind Menschheitsschutz und die Bewahrung der Mitwelt grundsätzlich das Sozialste, was wir Menschen für die Menschheit tun können.

  - Wenn jemand ‚Sozialverträglichkeit‘ anmahnt und damit klar ersichtlich ‚Weiter so‘ meint, dann sagt er im Grunde, dass spätestens derzeit junge Menschen und alle weiteren potenziell nachfolgenden Generationen kein Recht auf ein gutes Leben mehr haben. Anders ausgedrückt: Wenn Menschen auf ‚Sozialverträglichkeit‘ im Sinne eines

---

[1] Whataboutism (von engl. ‚What about …?‘, auf Deutsch: ‚Was ist mit …?‘) – Manipulative rhetorische Technik, bei der auf die gestellte Frage nicht eingegangen wird, sondern mit einer Gegenfrage das Augenmerk auf einen anderen Missstand gerichtet wird.

‚Weiter so' beharren, dann tun sie nichts anderes, als in der Konsequenz sämtliche nachfolgenden Generationen einem Leben in einer nicht zivilisierten Welt auszuliefern und somit dem Chaos/Untergang preiszugeben.

Wir Autoren sind der Auffassung, dass Proaktive anfangen sollen, diese Unerträglichkeit unüberhörbar zu artikulieren. Auch das gehört zur Deutungshoheit.

- **Proaktive entblößen das ‚gestrige Denken'**, z. B. indem sie auf die nunmehr *volle* (begrenzte) Welt verweisen und die althergebrachten Argumentationen als ‚Denkgebäude der leeren Welt' entlarven (↑ S. 40, ‚volle Welt, die | leere Welt, die').

  - Das ‚Bestands-Erwerbsarbeitsplätze-Bewahrungsargument' kann nicht mehr gelten. Stattdessen ist auf das Kriterium ‚zukunftsfähige Beschäftigungsverhältnisse' zu verweisen, die das Überleben sichern. Die Botschaft der Proaktiven lautet wie folgt: Wir können nicht jeden Arbeitsplatz erhalten, aber die *angstfreie Daseinsvorsorge für alle* gewährleisten.

    - Lehnen Sie es ab, das ‚Bestands-Erwerbsarbeitsplätze-Bewahrungsargument' in seiner Absolutheit gelten zu lassen, es ist ein *Totschlag*argument – und das ist durchaus wörtlich zu nehmen, denn bei Gültigkeit dieses Arguments ist die globale Katastrophe unvermeidbar.

    - In Zahlen gefasst: Die betroffenen Braunkohle-Regionen erhalten infolge des Kohleverstromungsbeendigungsgesetzes von 2020 Infrastrukturausgaben in der Höhe von 40 Mrd. Euro[21] für 20.000 Beschäftigte.[22] Der gesamte Prozess war von intensiver Berichterstattung begleitet. In den Sektoren Wind-/Solarenergie ist in den 2010er-Jahren ein Verlust von über 100.000 zukunftsfähigen, überlebenserforderlichen Beschäftigungsverhältnissen[23] zu beklagen – ohne relevantes mediales Feedback. Es sei auch die Bemerkung erlaubt, dass nicht jedes verlorene Beschäftigungsverhältnis mit zwei Mio. Euro subventioniert werden kann. Es gilt: Weiterbildung/Umschulung statt Bestands-Erwerbsarbeitsplätze-Bewahrung.

  - Der Druck auf die Menschheit ist immens: Wir gehen im Falle des ‚Weiter so' *alle* unter, sitzen aber *nicht* alle im selben Boot. Das Boot des globalen Nordens und der Reichen geht gefühlte fünf Minuten später unter. Proaktive wissen, dass nur ein Eine-Welt-Denken (↑ S. 38, ‚one planet thinking',) weiterführt: Die Länder bzw. die Menschen des globalen Südens *können* und werden nur dann bei der Transformation mitmachen, wenn der globale Norden zu ihnen ins Boot steigt bzw. alle gemeinsam unterwegs sind. Das bedeutet Klimagerechtigkeit und markiert das Ende der imperialen Lebensweise (↑ S. 36).

  - Falls erforderlich, kann man die ökologische Notlage betonen, indem man sie in typisch konservative Argumentationen einbettet, was u. U. Erstaunen hervorrufen wird:

    - „Die Ökofrage ist mittlerweile eine Frage der nationalen Sicherheit." Oder:

    - „Wenn das alle machen würden." – Ja, tatsächlich, stellen Sie sich mal vor, alle würden so leben wie die Deutschen oder wie die reichsten Menschen der Welt.

    - „Leben oder Arbeitsplatz?" entspricht der Dichotomie „sein oder nicht sein". Und auf diese Frage kann es nur eine Antwort geben.

- Wir Autoren möchten hier explizit auf Folgendes hinweisen: Solange Mitbürger:innen glauben (wollen), noch (ein klein wenig) Zeit zu haben, sehen viele von ihnen die Lage entspannt. Zu korrigieren ist also der persönlich gefühlte Zeithorizont, um die gefühlte räumliche und zeitliche eigene Entfernung (,distance', ↑ S. 17) durch tatsächliche persönliche Betroffenheit zu ersetzen.

  Um es auch hier noch einmal deutlich zu formulieren: Es gibt kein Zeitfenster mehr, wir Menschen haben *jetzt, sofort & heute!* eine alles auf den Kopf stellende, gesamtgesellschaftliche Transformation einzuleiten/umzusetzen, um die multiple Krise der Mitwelt überhaupt noch wesentlich abmildern zu können.

- Im Falle einer (potenziell) eskalierenden Diskussion kann es – so schlägt es Ulrich Schnabel vor – hilfreich sein, „den Dialog mit der Wertschätzung des Gegenübers zu beginnen".[24] Es besteht schlicht „die Notwendigkeit, zunächst eine ,kleinste gemeinsame Wirklichkeit' zu finden und eine positive emotionale Grundlage zu schaffen."[25] Und er führt weiter aus: „[E]ine solche Brücke [könnte] darin bestehen, mit dem Gegenüber zunächst darüber zu sprechen, welche Zukunft man seinen Kindern gerne hinterlassen möchte. Vermutlich wird man sich, bei allen Meinungsverschiedenheiten, einig sein, dass man den eigenen Kindern eine möglichst lebenswerte Zukunft ermöglichen möchte. Ist solch ein gemeinsames Fundament gefunden, ändert sich automatisch der Ton der Diskussion, und es entsteht die Chance, eher verständnisvoll statt polarisierend zu streiten."[26]

- Ad absurdum kann man einen Debattenbeitrag auch führen, in dem man die Argumentation vom Gegenüber aufnimmt und weiterführt, eingeleitet bspw. mit dem folgenden Satz: „Denken wir die Sache doch mal zu Ende…".

Unsere Hauptaussage – ,Wir leben in einer begrenzten Welt, in der man nur das verteilen kann, was da ist' – möchten wir im Folgenden ausführlicher aufgreifen:

- **Proaktive stellen heraus: Wir haben kein ,Klimaproblem' – wir haben ein Gesellschaftsproblem.**

  - Klimakrise und sechstes Massenaussterben sind letztlich *Symptome* eines riesigen Gesellschaftsproblems bzw. einer kulturellen und gesellschaftlichen Krise der Menschheit.

  - Wir befinden uns in einer Überlebenskrise der Menschheit, deren Ursache wesentlich die Steigerungslogik der Ökonomie gepaart mit dem *HöherSchnellerWeiter* der Gesellschaft sind.

  - Unsere (kollektive und individuelle) Lebenslüge besagt Folgendes: „Wir leben in einer unbegrenzten, schier unendlichen Welt, die wir beliebig ausbeuten können." Sie geht auf die vierte der sog. „Vier Kränkungen der Menschheit" zurück:

    1. **Die kosmologische Kränkung** (1543 n. Chr.)
       Nikolaus Kopernikus entdeckte, dass die Erde nicht der Mittelpunkt der Welt ist.

    2. **Die biologische Kränkung** (1859)
       Charles Darwin stellte fest: Der Mensch stammt vom Affen ab.

3. **Die psychologische Kränkung** (1895)

   Sigmund Freud: Wir sind nicht Herr im eigenen Haus, sondern zu einem guten Teil unserem Unbewusstsein ausgeliefert. Die Idee der ‚Drei Kränkungen‘ geht auf Freud zurück; Kränkung kann auch als ‚Demütigung‘ verstanden werden.

4. **Die ökologische Kränkung** (Gegenwart, heute)

   Der Mensch ist Teil der Mitwelt und somit auf der Erde ein ‚geduldeter Gast‘. Der Begriff ‚ökologische Kränkung‘ geht auf eine von Walter Seifritz verfasste Rezension des 1990 verfassten Buches *Mensch – Umwelt – Wissen* von Bruno Fritsch zurück.

   Bernd Ulrich und Fritz Engel merken 2022 dazu treffend an, dass es sich bei allen vier Kränkungen mutmaßlich „weniger um Kränkungen des Menschen schlechthin handelt als um solche des weißen, christlich geprägten Mannes.“

- Anders ausgedrückt: Eine wesentliche Ursache der multiplen Krise ist das ‚gesellschaftliche Naturverständnis‘, aufgrund dessen sich viele von uns von der Natur als losgelöst und unabhängig erleben. Dabei leben wir Menschen in Symbiose mit der Mitwelt.
  Beispiel: Wir Menschen leben in Symbiose mit unserem eigenen Mikrobiom. Das sind die Zellen, die nicht die menschliche DNA haben, wie die Bakterien im Darm. Wenn Schlüssel-Mikrobiome ausfallen, werden wir krank.

- In der Krise trifft es die ökonomisch Schwächeren und ohnehin Verletzlichsten am meisten, d. h. Frauen, Kinder, Alte, Eingeschränkte, Diskriminierte. Solche Diskriminierungen können sich ggf. intersektional (↑ S. 36) aufsummieren. Wenn es die Verletzlichsten am stärksten trifft, bedeutet das folglich, dass sie einen besonderen Schutz benötigen. In diesem Zusammenhang weisen wir Autoren auf zwei Transformationsprinzipien hin:

  - Prinzip ‚Einflussgerechtigkeit‘: Reiche Menschen dürfen nicht mehr gesellschaftlichen Einfluss als weniger reiche Menschen haben. Herzustellen ist dies durch ein Diversitätsgebot und durch maximale Transparenz im gesamten politischen Umfeld: ‚gläserne:r Politiker:in‘ (↑ S. 35).

  - Prinzip ‚Doughnut‘: Alle Menschen haben das Recht auf eine angstfreie Daseinsvorsorge. Dies ist unter strikter Beachtung der planetaren Belastungsgrenzen umzusetzen, aus deren Einhaltung man sich auch mit Geld nicht herauskaufen können darf (↑ S. 46).

- Um die existenziellen Lebensgrundlagen zu sichern, bedarf es einer (gesamt)gesellschaftlichen Transformation.

- Proaktive kämpfen für die Erhaltung der Lebensgrundlagen der *Mehrheit der Menschheit* – und das sind die mittleren und unteren Einkommensgruppen in Deutschland, Europa und der Welt.

- Im deutlichen Widerspruch zu in der Gesellschaft vorherrschenden Aussagen stellen wir Autoren fest:

- Es gibt keinen ‚freien Markt‘ wie i. d. R. vom Ökonomie-Mainstream behauptet, vgl. (direkte/indirekte) Subventionen, (Quasi-)Monopole, geduldete Korruption sowie grassierender Lobbyismus bzw. fehlende Einflussgerechtigkeit (↑ S. 35).

- Es gibt nicht den *einen* konkreten Weg und nicht die *eine* schnelle/einfache Lösung aus der Krise, es wird ein gehöriger Teil an ‚Learning by Doing‘ dabei sein. Das ist nichts Ungewöhnliches: Auch der Turbo-Kapitalismus ist nicht am Reißbrett erschaffen worden.

- Den derzeitigen Kapitalismus als das ‚bestmögliche System‘ zu bezeichnen, obwohl er komplett dysfunktional unsere gesamte Zivilisation bedroht und bei einem ‚Weiter so‘ Milliarden von Menschen dem Tod preisgibt, ist mehr als weltfremd. Es ist zutiefst zynisch.

- Unser Staat basiert auf sehr vielen Gesetzen, die Freiheit überhaupt erst ermöglichen. Ein Verbot beschränkt und ermöglicht gleichzeitig. Ein Gesetz regelt Binnenverhältnisse einer Gesellschaft, es schafft durch Beschränkungen Möglichkeiten. In dieser Perspektive lautet z. B. die Frage zu Tempobeschränkungen, ob es vernünftiger ist, zugunsten weniger Bürger:innen keine Tempobeschränkung einzuführen oder zugunsten vieler Bürger:innen eine Tempobeschränkung umzusetzen.

- Um es mit dem Kabarettisten Hagen Rether zu formulieren: Dürfen wir Menschen die persönliche Freiheit haben, „die Welt zu ruinieren[] [und] Millionen Menschen verhungern zu lassen…?“[27]

Zusammenfassend ist hier festzuhalten:

Proaktive

- **übernehmen zugunsten der eigenen Deutungshoheit eine aktive Rolle – und drängen ihr *Gegenüber* dadurch in eine Rechtfertigungsposition (Beweislastumkehr).**

- **lehnen es ab, grundlegende Dinge zum hundertsten Mal zu erklären, insbesondere dann, wenn der Eindruck aufkommt, dass die:der Gesprächspartner:in etwas nicht verstehen *will*.**

- **wehren sich stets sofort gegen die Verwässerung ihrer Aussagen.**

- **bleiben immer und jederzeit auf der Grundsatzebene und lassen sich nicht in Detailfragen verstricken.**

- **betonen in ihrer Argumentation stets das Soziale und *nicht* die Naturwissenschaft.**

- **entblößen das ‚gestrige Denken‘, z. B. indem sie auf die nunmehr begrenzte (*volle*) Welt verweisen.**

- **stellen heraus: „Wir haben kein ‚Klimaproblem‘ – wir haben ein Gesellschaftsproblem“ (dessen *Symptome* die Klimakrise und das sechste Massenaussterben sind).**

3.5 Begriffsdefinitionen ‚Wording' & Co.

Diese Handreichung liefert ein neues Vokabular/Wording sowie damit verbundene Argumentationsgrundlagen. Die Ausführungen zu den Ausgangspunkten abschließend, möchten wir Autoren den Begriff ‚Wording' sowie weitere, ähnlich verwendete Begriffe definieren. Zu beachten ist, dass die Begriffe von anderen, gleichfalls damit befassten Autor:innen sehr unterschiedlich definiert werden, sodass wir im Folgenden ausschließlich das für uns selbst plausible Verständnis dieser Begriffe darlegen:

- **Wording** ist das bewusst eingesetzte Vokabular bzw. – wie vorliegend – eine Sammlung von bestimmten Begriffen, um verständlich/nachvollziehbar und ablenkungs-/triggerfrei die eigene Position bzw. einen bestimmten Sachverhalt darzulegen.

- **Framing** ist eine gezielte Darstellung eines Entscheidungsproblems, ohne dessen Inhalt *offensichtlich* zu verändern, jedoch mittels der Fokussierung, Hervorhebung, Abschwächung und/oder Unterschlagung bestimmter Fakten.

  - Framing kann sowohl auf umfangreichen Beschreibungen/Bildern als auch einzelnen Begriffen beruhen.

  - Beispiele für deutlich gefärbte Begriffe, ohne dass der Sachverhalt unmittelbar falsch beschrieben ist, sind: Leitkultur, Wirtschaftsflüchtlinge, Steuerlast.

- **Frame, der** – auf Deutsch: Rahmen. Ein Frame meint eine durch Framing (s. o.) entstandene Perspektive auf einen Sachverhalt.

  - Beispiele für ‚Weiter so'-Frames:

    - „Wir sind nicht für die Vergangenheit verantwortlich". Das ist eingängig: Unwidersprochen wird dieser Satz die weitere Diskussion massiv prägen. Aber nur, weil eine Aussage eingängig daherkommt, ist sie noch lange nicht richtig. Immerhin basiert z. B. die Lebensweise der Bürger:innen unseres Staates u. a. auf dem Kolonialismus und dessen bis heute stark fortwirkenden Strukturen sowie einer extremen Ausbeutung der natürlichen Ressourcen inkl. der Atmosphäre. Aus einem Schaden, von dem man sein Leben lang profitiert, erwächst selbstverständlich Verantwortung (↑ S. 67).

    - „Klimaschutz kann nicht auf Kosten von Wohlstand und Arbeitsplätzen gehen."[28] Dieses „Altmaier'sche Bonmot" ist ebenfalls sehr eingängig. Man möchte es so gern glauben. Blickt man jedoch hinter die Zeilen, ist zu erkennen, dass hier Bedingungen gesetzt werden, die faktisch eine Absage an Menschheitsschutz bedeuten. Das Zitat mag ‚aus der Zeit gefallen' sein und daher *grotesk* anmuten – *witzig* ist es nicht: Ein solcher Satz ist vielmehr brandgefährlich.

  - Wiederholungen ‚stabilisieren' Frames (↑ S. 25).

  - Der Begriff ‚Framing' ist tendenziell negativ besetzt, da Framing gezielt eingesetzt werden kann, um eigene, subjektive Interessen durchzusetzen.

- **Grunderzählung ('Narrativ')**: Das ist eine verallgemeinernde und allgemeinverständliche Erzählung über uns selbst, wer wir Menschen sind, wo wir herkommen, worin unsere sozialen Grundbedürfnisse bestehen und wo wir hinwollen bzw. hinmüssen. Der Fokus ist dabei gerichtet auf eine eingängige Idee dahingehend, wie es für die Menschen, jede:n Einzelne:n von uns, unsere Nachfahr:innen, die Menschen in Deutschland, Europa und der Welt weitergehen könnte.

  - Der Journalist und Zukunftsaktivist George Monbiot schreibt 2017 dazu: „To change the world, you must tell a story: a story of hope and transformation that tells us who we are."[29]

  - Diese Grunderzählung muss aus Sicht der Autoren nicht durchweg positiv sein, jedoch plausibel, empathisch, emotional und eingängig.

  - Es bedarf für eine Grunderzählung – analog zu unseren vorhergehenden Ausführungen zum Wording – einer Story/Geschichte, die man bspw. einer:einem Zwölfjährigen erzählen kann.

  - Eine Erzählung ist nur dann eine Grunderzählung ('Narrativ'), wenn sie erzählerisch generalisiert und auf die Erwartungen der Adressat:innen eingeht, ansonsten ist es eine individuelle Geschichte.[30]

  - Hinweis: Das widerständige Detail bleibt im Gedächtnis.[31]

  - Wir Autoren bevorzugen den Begriff 'Grunderzählung' anstelle von 'Narrativ', weil wir bis dato noch nie zwei Personen getroffen haben, die das gleiche Verständnis des Begriffs 'Narrativ' besitzen.

  - Das in diesem Dokument vorgestellte Wording kann als Basis für künftig zu entwickelnde neue Grunderzählungen dienen. Für eine geeignete Grunderzählung wird ein empathisches, emotionales Wording benötigt.

    \>\> Mit *Eine neue Geschichte der Zukunft* hat Marc Pendzich im Herbst 2022 eine solche Grunderzählung vorgelegt, siehe https://eineneuegeschichtederzukunft.de/.

Eine derartige Grunderzählung, angereichert mit geeignetem Wording, kann per Storytelling ausgebaut erzählt werden:

- **Storytelling** (oder auch: die Entwicklung einer *Storyline*): Storytelling bedeutet die Art und Weise, wie die Grunderzählung idealerweise erzählt wird. Storytelling hat i. d. R. einen chronologischen Erzählstrang mit Anfang, Mittelteil und Finale – z. B. in Form einer 'Heldenreise'. Um Storytelling zu betreiben, sind eine Reihe von funktionierenden Grunderzählungen ('Narrativen) erforderlich, wobei sich die Entwicklung von Grunderzählungen und des Storytellings gegenseitig befruchten können.

4. Proaktives Wording

Auf den in Kapitel 3 vorgestellten Ausgangspunkten fußend stellen wir Autoren nachfolgend unsere Vorschläge/Anregungen/Inspirationen für ein neues Vokabular/Wording vor:

- **4.1 Neues Wording** – eine Sammlung von i. d. R. komplett neuen bzw. weitgehend unbekannten Begriffen.

- **4.2 Weitere hilfreiche Begriffe** – Vokabular, das i. d. R. selbsterklärend ist und daher leicht in Diskussionen eingebracht werden kann.

- **4.3 Wording, das alte Begriffe ersetzt** – ein Wording, welches bestehendes, konservatives Wording austauscht.

- **4.4 Zu vermeidendes Wording** – Hinweise zu ‚verbrannten Begriffen‘, die zu besetzt oder zu ‚verwässert‘ sind, um sie noch zu benutzen.

4.1 Neues Wording

Vorschläge/Anregungen/Inspirationen für ein neues Wording mit teilweise komplett neuen Begriffen, die i. d. R. auch *neue* bzw. vielen Mitmenschen *unbekannte* Denkkategorien verkörpern und die man gezielt in Debatten einführen/einbringen kann, um neue Sachverhalte zu beschreiben:

- **Backcasting, das** >> Backcasting ist eine etablierte Planungsmethode, bei der zunächst das erforderliche Resultat definiert und nachfolgend die zur Erreichung dieses (nur durch neue, i. d. R. wissenschaftliche Befunde veränderlichen) Zieles erforderlichen Schritte konkret festgelegt werden. Anders ausgedrückt: Man geht nicht, wie gewohnt, vom Ist-Zustand, der optimiert werden soll, aus, sondern vielmehr vom wissenschaftlich/ethisch Erforderlichen.

- **begrenzte Welt, die** >> Wir leben in einer begrenzten Welt, in der man nur das verteilen kann, was da ist.

- **Billigstnahrung, die** = Nahrung, die z. B. auf Basis von Pestiziden (u. a. Herbizide wie Glyphosat und Fungizide) und/oder Gentechnik hergestellt wird und möglicherweise darüber hinaus hochgradig verarbeitet ist – und für die wir Bürger:innen einen extrem hohen Preis zahlen. ‚Bio‘ ist das Normale, weil es zukunftsfähig ist (↑ S. 36 ‚normal‘). Bezeichnet, benannt und hervorgehoben wird i. d. R. lediglich die (angenommene) *Ausnahme*, vgl. Vegetarismus. Daher kann eine explizite *Benennung* des bislang vermeintlich ‚Normalen‘ zum Perspektivwechsel beitragen. Der hier vorgeschlagene Begriff dient der Bezeichnung der bislang als ‚normal‘ geltenden Nahrung aus konventioneller, Pestizide benutzender und somit bodenschädigender Agrarkultur. Der Begriff markiert den Unterschied zu den Lebensmitteln des gehobenen Biostandards, die so angebaut werden, wie es zur Bewahrung lebendiger Böden bzw. zum Humusaufbau erforderlich ist. Hier ist demnach die Frage aufzuwerfen, was ‚normal‘ ist: konventionelle oder Bio-Produktion? Wir Autoren sehen ‚Bio‘ als normal und ‚konventionell‘ als unnormal an. Eine derartige Umkehrung der Perspektive ist in unserer Gesellschaft auch für tierische Produkte angemessen: Quälfleisch[32] (= Haltungsformen 1-3) wird bislang von vielen Mitbürger:innen offenbar als ‚normal‘ empfunden.[m] Das lehnen wir, die Autoren dieser Handreichung ab und regen gleichzeitig Folgendes an: Wir haben uns klar zu machen, dass der Ladenpreis für ein nach Demeter- oder Bioland-Regeln aufgezogenes und geschlachtetes Tiefkühlhähnchen nicht überzogen, sondern i. d. R. angemessen ist: Nur so ist eine einigermaßen ‚anständige‘ Haltung sowie die Erzeugung von Fleisch/Fisch ohne antibiotikaresistente Keime möglich (↑ S. 43 ‚Lebensmittel, die‘ sowie ↑ S. 62 ‚Gesundheitsaspekt von konventionellem Fleisch‘).

- **bodenzerstörende Landwirtschaft, die** >> im Unterschied zur naturnahen Bioagrarkultur, die bspw. durch Permakultur, Demeter, Bioland etc.[n] verkörpert wird.

- **Doughnut[-Modell], der [das]** >> Das Doughnut-Modell veranschaulicht, wie ‚gutes Leben für alle‘ auf der Erde dauerhaft möglich ist. Die Grafik sieht aus wie das populäre Süßgebäck mit dem Loch in der Mitte. Der äußere Rand – die ökologische Decke – markiert die planetaren Belastungsgrenzen, die unbedingt und *absolut* eingehalten werden müssen. Der innere Rand zeigt die sozialen Mindeststandards, die für unser menschenwürdiges Dasein wichtig sind. Was die beiden Ränder des Doughnuts überragt, bedeutet ein Zuviel an Naturverbrauch bzw. zu wenig Bedürfnisbefriedigung. Die Ökonomie hat *innerhalb* des Doughnuts für das Wohlergehen der Menschen zu sorgen.

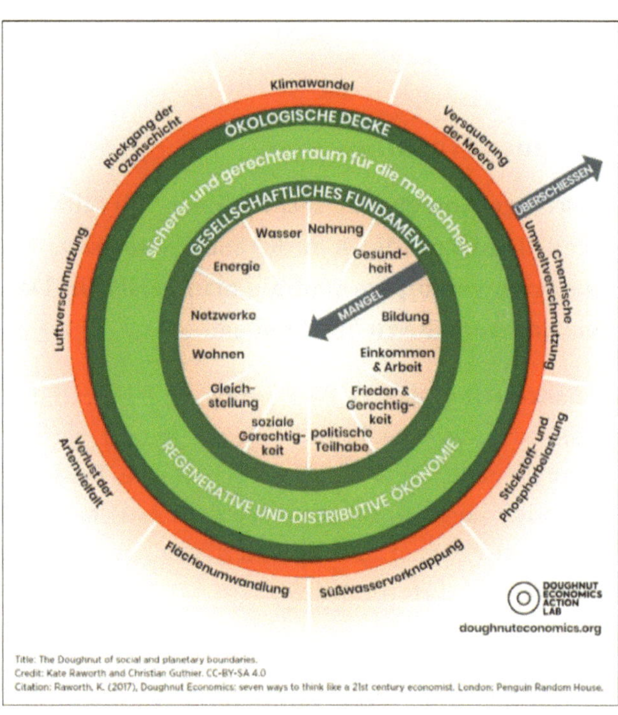

Das Doughnut-Modell – entwickelt von Kate Raworth (2017), hier dargestellt mit Hervorhebung der absoluten planetaren Belastungsgrenzen.

---

[m] Die einzige Haltungsform, die nach Auffassung der Autoren nicht vollkommen unerträglich ist, wird abenteuerlicherweise als „Premium" bezeichnet (vgl. Knecht 2021).

[n] Vgl. dazu agrarkultur.handbuch-klimakrise.de und fleisch.handbuch-klimakrise.de.

- Extra hervorzuheben ist zum Doughnut Folgendes: Die äußeren Grenzen des Doughnuts sind absolute Grenzen, die wir Menschen unterschreiten müssen, weil sonst die Lebenserhaltungssysteme der Erde kollabieren.

- ‚Gutes Leben für alle' bedeutet, dass sich jede:r nur so viel nehmen kann, dass niemand zu kurz kommt.

- **Dystopie, die** >> negative Utopie. Noam Chomsky wirft 2021 die Frage auf, inwieweit wir Menschen bereits heute in einer Dystopie leben. Diese Perspektive ist nach Ansicht der Autoren spannend, weil wir Menschen uns unter Annahme einer bereits jetzt stattfindenden Dystopie nicht länger vormachen können, uns *drohe* eine solche dystopische Welt. Im Unterschied zur ‚Weiter so'-Perspektive kann aus diesem Blickwinkel unser Leben in der Zukunft folglich *besser* werden.[33]

- **Einflussgerechtigkeit, die** >> ist das Prinzip, dass reiche Menschen nicht mehr Einfluss haben dürfen als weniger reiche Menschen: ‚one (wo)man – one vote'. Politische Repräsentant:innen haben, gesichert durch ein Diversitätsgebot, durch Nebenerwerbsverbot, maximale Transparenz (‚gläserne:r Politiker:in') gegenüber den Interessen aller Bürger:innen gleichermaßen „aufgeschlossen zu sein [...], diese zur Kenntnis zu nehmen und in die politischen Entscheidungen einfließen zu lassen"[34] (↑ S. 29).

- **Energieknappheit, die | Zeiten, die energieknappen** >> Tatsächlich stehen der Menschheit energieknappe Zeiten bevor, weil diese schneller von den fossilen Energieträgern lassen muss, als sie erneuerbare Energie installieren kann (↑ S. 24). ‚Der Anteil von Wind und Solar an der globalen Endenergie beträgt im Jahr 2019 erst 1,8 %'. Es ist wichtig, fair und richtig, die Menschen darauf vorzubereiten – und zu vermeiden, stattdessen von Energie*armut* oder energie*armen* Zeiten zu sprechen.

- **Erpressung, die ökologische** >> Mit zunehmendem ökologischen Druck gerät die Weltgemeinschaft immer tiefer in die Abhängigkeit von Staaten bzw. Machthaber:innen, die über überlebensnotwendige Ressourcen wie Regenwald oder lebensfeindliche Ressourcen wie fossile Energieträger verfügen und diese als politisches Druckmittel einsetzen.

- **GCR events, die | Global Catastrophic Risk (GCR) events, die** >> Weitgehend medial unbeachtet ist der im Mai 2022 erschienene UN-Bericht „Global Assessment Report on Disaster Risk Reduction" (GAR2022) geblieben. Hier hatten Interessierte einen neuen Begriff zu lernen: „*Global Catastrophic Risk (GCR) events* are defined as those leading to more than 10 million fatalities or greater than \$10 trillion in damages" – auf Deutsch: „*Globale Katastrophenrisiken-Ereignisse* werden als solche Ereignisse definiert, die zu mehr als 10 Millionen Todesopfern oder Schäden von mehr als 10 Billionen Dollar führen."[35]

- **Hebelpunkte, die** >> Es ist die Frage aufzuwerfen, welche Transformationen besonders effektiv und weiterführend sind – das sind die sog. Hebelpunkte. Das private Verhalten den gegenwärtigen Erfordernissen von Klima und Mitwelt anzugleichen, ist gut und richtig – gerade, was die Außenwirkung und die eigene Bewusstwerdung betrifft. Dazu gehören auch einige einmalige Maßnahmen, darunter den Stromanbieter und/oder die Bank zu wechseln, vgl. konkret.handbuch-klimakrise.de.

Doch die großen Hebelpunkte liegen für Individuen woanders, bspw. in der Mitarbeit bei entsprechenden Verbänden, im persönlichen Gespräch mit der:dem eigenen Bundestagsabgeordneten oder im gezielten Spenden.

- **imperiale Lebensweise, die** >> Der von Ulrich Brand und Markus Wissen 2017 in die Öffentlichkeit getragene Begriff umschreibt die ausbeuterische Lebensweise insbesondere des globalen Nordens, der mehrdimensional sowohl räumlich (Rohstoffe, Verschmutzung, global) als auch zeitlich (zukünftige Generationen) die Mitwelt vernutzt und seinen als überlegen empfundenen Status u. a. durch Ausbeutung in der Vergangenheit (Kolonialismus) erlangt hat.[36]

- **Intersektionalität, die | intersektional** >> „Unter Intersektionalität wird die Verschränkung verschiedener Ungleichheiten verstanden. Zugehörigkeiten und Lebensrealitäten wie Geschlecht, Ethnizität, Klasse, Religion, Weltanschauung, sexuelle Orientierung, Gesundheit, Alter etc. bestimmen in einer Wechselwirkung zu einander gesellschaftliche Chancen."[37] Der Begriff wird insbesondere verwendet, um aus feministischer Perspektive auf sich aufsummierende Diskriminierungen verweisen zu können (↑ S. 29).

- **Lebenserhaltungssysteme der Erde, die**

  - Kurzversion: Es gibt eine Reihe von Erdsystemen, die uns Menschen, Tiere und Pflanzen am Leben halten, darunter die Artenvielfalt, auch ‚web of life' (auf Deutsch: Netz des Lebens) genannt: Klima, Wälder, Ozeane, Trinkwasser und Ozonschicht. Diese lebensstiftenden Systeme haben Grenzen, man nennt sie die ‚planetaren Belastungsgrenzen'. Überschreiten wir Menschen eine oder mehrere ökologische Grenzen dieses Planeten dauerhaft, ist alles Leben bedroht.

  - Langversion: Die lebensstiftenden ökologischen Erdsysteme haben Belastungsgrenzen, deren dauerhafte Überschreitung unsere Lebensgrundlagen und alles Leben auf der Erde existenziell bedroht. In der Wissenschaft nennt man diese ökologischen Maximalbelastungsgrenzen ‚planetare Belastungsgrenzen'. Zu den lebensstiftenden Erdsystemen bzw. den Lebenserhaltungssystemen der Erde zählen das ‚web of life' (auf Deutsch: Netz des Lebens) bzw. die Artenvielfalt (die z. B. wegen komplexer Nahrungsketten erhalten bleiben muss), das Klima bzw. die Atmosphäre (deren Zusammensetzung sich nicht zu stark ändern darf), die biochemischen Kreisläufe von Phosphor und Stickstoff (die über die Düngung ins Grundwasser sowie die Meere gelangen und dort u. a. ‚tote Zonen' hervorrufen), die Ozonschicht (die nicht dünner werden darf), die Wälder (die nicht weiter abgeholzt werden dürfen), die Ozeane (die nicht weiter versauern und verdrecken dürfen), das Süßwasser/Trinkwasser (ohne das alles nichts ist), nochmals die Atmosphäre (Eintrag möglichst weniger Aerosole wie Ruß). Hinzu tritt die Warnung vor der Freisetzung von neuartigen Stoffen wie (Mikro-)Plastik und Antibiotika, bei denen die Langzeitwirkung verheerend sein könnte.[38]

- **normal** – Adjektiv >> Was *genau* ist ‚normal'? Im allgemeinen Sprachgebrauch heißt das: ‚das Übliche', ‚das Gewohnte', ‚das Altbekannte'. Luisa Neubauer und Dagmar Reemtsma weisen 2022 darauf hin, dass „Selbstverständlichkeiten [...] ja keinen Titel[, d. h. keine gesonderte Benennung brauchen], das macht sie aus."[39] Maja Göpel sagt dazu ebenfalls

2022: „Der Begriff ‚Normalität‘ ist ja bereits wertend und macht mögliche Alternativen klein.“[40] Des Weiteren unterliegen wir Menschen oft der irrigen Annahme, der Jetzt-Zustand wäre von Dauer – und ein Leben wie bspw. vor 50 Jahren undenkbar. Wir Autoren regen an, den Begriff ‚normal‘ in Diskussionen bewusst mit einer anderen Bedeutung anzusetzen: ‚Normal kann nur sein, was die Zivilisation nicht kollabieren lässt.‘

- Das Wort stammt vom lateinischen Adjektiv *normālis* ab und bedeutet hier ‚nach dem Winkelmaß‘, ‚nach der Regel gemacht‘. Normal kann sowohl sein, was immer wieder ähnlich abläuft als auch das, was bspw. den wissenschaftlichen, juristischen Normen entspricht, u. a. dem Grundgesetz Artikel 20a und dem Beschluss des Bundesverfassungsgerichts vom 24. März 2021 (siehe Kasten).[41]

- Wir schlagen somit vor, selbst aktiv ‚das Normale‘, d. h. die ‚Normalität‘, für sich zu beanspruchen: Normal ist es beispielsweise nach Ansicht der Autoren, terran (↑ S. 39) zu leben und nicht fünfmal im Jahr in den Urlaub zu fliegen (↑ S. 33, Aspekt ‚Bio‘: Was ist ‚normal‘?).

Grundgesetz für die Bundesrepublik Deutschland, Artikel 20a

„Der Staat schützt auch in Verantwortung für die künftigen Generationen die natürlichen Lebensgrundlagen und die Tiere im Rahmen der verfassungsmäßigen Ordnung durch die Gesetzgebung und nach Maßgabe von Gesetz und Recht durch die vollziehende Gewalt und die Rechtsprechung.“

Bundesverfassungsgericht: Beschluss vom 24. März 2021

Das Bundesverfassungsgericht stellt klar, dass der Schutzauftrag in Art. 20a des Grundgesetzes vom Staat verlangt, mit den natürlichen Lebensgrundlagen sorgsam umzugehen und „sie der Nachwelt in solchem Zustand zu hinterlassen, dass nachfolgende Generationen diese nicht nur um den Preis radikaler eigener Enthaltsamkeit weiter bewahren könnten.“ (BVerfG (Fn. 2), Rn. 112, 197)

- Das Bundesverfassungsgericht führt aus, dass der Gesetzgeber frühzeitige und verbindliche Maßnahmen zur Erreichung der gesetzten Klimaschutzziele umzusetzen hat. (BVerfG (Fn. 2), Rn. 134)

- Das Gericht macht überdies deutlich, dass die Reduktion von CO_2-Emissionen aus Sicht des Grundgesetzes unausweichlich ist und rechtzeitig erforderliche Transformationen eingeleitet werden müssen. (BVerfG (Fn. 2), Rn. 194)

- Das Bundesverfassungsgericht erklärt das verbleibende nationale CO_2-Restbudget von 6,7 Gigatonnen ab dem Jahr 2020, wie es der Sachverständigenrat für Umweltfragen ermittelt hat, bei der Bestimmung von gesetzlichen Reduktionsmaßgaben für maßgeblich. (BVerfG (Fn. 2), Rn. 216, 217, 229, 231)

- **Notstand, der planetare** >> Der Begriff ist eine zutreffende Beschreibung der Situation, in der sich die Menschheit bzw. alles Leben nunmehr befindet.

- **Omnivor:in, die:der** >> Bezeichnung für einen Menschen, der sowohl pflanzliche als auch tierische Proteine zu sich nimmt. Bislang wurden nur gemäß hiesiger Wahrnehmung ‚Andersessende‘ gesondert bezeichnet, d. h. Vegetarier:innen, Veganer:innen, Frutarier:innen. Diese Neubezeichnung begünstigt (analog zu >> ‚Billigstnahrung‘, S. 33) einen Perspektivenwechsel, d. h., die bisherige Grunderzählung, dass täglicher Fleischverzehr normal sei, wird dadurch geschwächt. Hinweis: Es geht uns Autoren nicht um Ausgrenzung, sondern darum, diesen Sachverhalt klar und nüchtern bezeichnen zu können.

Zwei weitere Begriffe sind in diesem Zusammenhang zu nennen: **Tierindustrie** (statt ‚Massentierhaltung') und **Tierproteine** (zusammenfassend statt Fleisch, Kotelett, Steak, Wurst, Milch, Fisch etc., vgl. ebd.).

- **one planet thinking, das** >> Das Prinzip, nicht in Ländern, Religionen oder Kulturen zu denken, sondern stets die gesamte Mitwelt und Menschheit in die Gedankengänge und Argumentationen einzubeziehen. Letztlich ist in Zeiten der globalen multiplen Krise ausschließlich ‚one planet thinking' zukunftsfähig.

- **Possibilist:in, die:der | Possibilismus, der** (vgl. ‚possible' = ‚möglich') >> Jakob von Uexküll, den Begründer des *Right Livelihood Award*, d. h. des sog. alternativen Nobelpreises, definiert Possibilist:in wie folgt: „Der Possibilist […] sieht die Möglichkeiten, und es hängt von jedem von uns ab, ob sie verwirklicht werden."[42]
Luisa Neubauer und Alexander Repenning halten dazu fest: „Possibilismus heißt: die Ärmel hochkrempeln. Während Pessimist*innen schnell in einen ebenso lähmenden wie selbstmitleidigen Fatalismus verfallen, und während es sich Optimist*innen in der Erwartung einer rosigen Zukunft bequem machen, werden wir Possibilist*innen aktiv. Solange eine, und sei es noch so kleine Chance auf ein besseres Morgen besteht, sollten wir heute alles daransetzen, sie zu nutzen. Es ist unbequem, Possibilist*in zu sein, es ist anstrengend, anzupacken. Das unterscheidet uns sowohl von Optimist*innen als auch von Pessimist*innen: Wir wissen, dass eine andere Zukunft möglich ist, aber wir wissen auch, dass wir sie nicht geschenkt bekommen."[43] (↑ S. 53, Begriff ‚Zuversicht, die').

- **Proaktive, die:der** >> Menschen, die sich bewusst aktiv um (Menschheits-)Herausforderungen kümmern, bevor es für eine Abmilderung der multiplen Krise der Mitwelt zu spät ist.

- **radikal** – Adjektiv >> besitzt in der Umgangssprache potenziell den negativen Beigeschmack des ‚zu weit Gehenden' und in diesem Sinne des ‚Unzulässigen'. Wir Autoren geben davon abweichend zu bedenken, dass es im Unterschied zur mehrheitlichen Sprachwahrnehmung tatsächlich *radikal* ist, weiterzumachen wie bisher. Hierzu halten Luisa Neubauer und Alexander Repenning 2019 Folgendes fest: „Was ist radikal daran, umwelt-, klima- und gesundheitsschädliche Geschäftspraktiken zu verbieten? Radikal ist es, sie nicht zu regulieren. Radikal ist es, stattdessen Anreize zu schaffen, die Unternehmen, die Umwelt, Klima und Gesundheit schädigen, steuerlich zu entlasten. Radikal ist es, einen anhaltenden ökologischen Wahnsinn im Namen der Freiheit zu verteidigen. Radikal, auf die denkbar destruktivste Weise."[44]
Vom Wortursprung her bedeutet der Begriff ‚die Dinge grundlegend angehen' bzw. ‚bei der Wurzel packen' (lat. radix = die Wurzel). Das wiederum bedeutet, dass wir Menschen zur Zukunftsermöglichung eine radikale Herangehensweise brauchen.

- **Rebound(-Effekt), der** = ‚Bumerang-Effekt‘ >> Man legt alle Kraft in den Wurf, um einer Sache die richtige Richtung zu geben – und dann kehrt das Problem an unerwarteter Stelle zurück. Begriff einführen als ‚Denkfehler‘ bzw. als Falle des Denkens.
  Der z. B. von Niko Paech 2012 herausgestellte Rebound-Effekt beschreibt die immer wieder zu beobachtende Tatsache, dass technische Verbesserungen *bei Produkten, die dazu führen, dass sie mit weniger Rohstoffen gebaut und billiger verkauft werden können,* nicht etwa dazu führen, dass insgesamt weniger Rohstoffe verbraucht, sondern im Gegenteil, dass mehr von den Produkten verkauft und dadurch insgesamt mehr Rohstoffe verbraucht werden. Fazit: Effizienz führt zu ‚(mehr) Mehrverbrauch‘, s. auch S. 44.

- **Resilienz, die | resilient** >> widerstandsfähige Umgestaltung sowohl von Infrastrukturen sowie politischen Strukturen. Der Begriff meint auch die psychische Widerstandsfähigkeit von Kindern und erwachsenden Bürger:innen. Resilienz-Strategien sind erforderlich, weil sich die Menschheit mittlerweile zu tief in die Überlebenskrise hineinmanövriert hat, sodass wir Menschen die Folgen der multiplen Krise nur noch abmildern, aber nicht mehr in Gänze beseitigen können.

- **Suffizienz, die | suffizient** >> steht für das Begrenzen und ein ‚Weniger‘. Der *BUND* definiert den Begriff wie folgt: Suffizienz „zielt im Bewusstsein der begrenzten natürlichen Ressourcen, der Klimakrise und des sechsten Massenaussterbens darauf, absolut Energie und Material zu sparen.“[45] Anzustreben ist eine Gesellschaftskultur bzw. eine gesellschaftliche ‚Kultur des Genug‘. Damit verbunden ist die Frage, was gesellschaftlich genug ist. Somit ist die Maja-Göpel-Frage aufzuwerfen: Was brauchen „wir denn unbedingt, wenn wir gut versorgt sein wollen?“[46]

  - Suffizienz ist eng mit ‚Degrowth‘ (auf Deutsch: Wachstumsrückgang) verknüpft. Jason Hickel erklärt dies 2020 wie folgt: „Degrowth ist eine geplante Verringerung des Energie- und Ressourcenverbrauchs, um die Ökonomie wieder in ein Gleichgewicht mit der lebendigen Welt zu bringen, sodass Ungleichheit verringert und das menschliche Wohlbefinden verbessert wird.“[47]

  - Hinweis: In Gesprächen etc. ist immer zu verdeutlichen, dass Suffizienz durch eine Veränderung/Transformation des *Gesamt*systems (d. h. *nicht* individuell) erreicht werden muss.

- **Suffizienzpolitik, die (auch: Politik des gesellschaftlichen Genug, die)** >> Dieser Begriff beschreibt politische Maßnahmen, die dazu beitragen, die Nutzung von Energie, Material, Fläche und Wasser so zu reduzieren, dass die Befriedigung der Grundbedürfnisse aller Menschen innerhalb der planetaren Belastungsgrenzen gewährleistet ist.

- **terran** – Adjektiv >> einführen als „auf dem Boden [der Tatsachen bzw. unseres Planeten] bleiben und nicht fliegen“ (https://terran.eco/), geerdeter Lebensstil: terran leben, terran reisen, durchaus auf Kreuzfahrten erweiterbar. Bedauerlicherweise ‚übersieht‘ der Begriff den motorisierten Individualverkehr (MIV). Gleichzeitig steckt darin eine schöne Denk-Revolution. >> ähnlich, aber umgangssprachlicher: ‚planetenkonform leben‘.

- **Transformation, die (gesamt)gesellschaftliche** >> Transformation = *outside the box* = außerhalb bisheriger Denkgewohnheiten = umfassendes Veränderungspaket. Reform = *inside the box* = innerhalb des bisherigen Systems denkend = Bündel von Einzelmaßnahmen. Wir regen an, den bislang in diesem Sinnzusammenhang verwendeten Begriff ‚sozial-ökologische Transformation (SÖT)‘ zu vermeiden, weil er durch die Nennung der beiden Einzelbegriffe ‚sozial‘ und ‚ökologisch‘ potenziell trennt, was nicht zu trennen ist. Auf diese Weise wird die gesellschaftliche Spaltung unnötig betont bzw. der faktisch nicht vorhandene Gegensatz zwischen beiden Interessen(sgruppen) hervorgehoben.

- **Veränderungsschmerz(en), der/(die)** >> gehört/gehören dazu. Ohne sie wird die (gesamt)gesellschaftliche Transformation nicht vonstattengehen. Wir Menschen werden diese Welt nicht angstfrei retten. Es ist fair, diese Tatsache *aktiv* empathisch zu kommunizieren bzw. den Menschen Veränderungsschmerz(en) zuzugestehen.
  Wir Autoren merken dazu an, dass die falschen Versprechungen, Verharmlosungen und Beschönigungen der Befürworter:innen eines ‚Weiter so‘ uns Menschen überhaupt erst in die Position gebracht haben, an der es eben nicht mehr ohne Angst und Veränderungsschmerzen geht.

- **volle Welt, die | leere Welt, die** >> (heutige) volle (begrenzte) Welt (mit vielen Menschen, die sehr viele Ressourcen vernutzen) vs. (historisch) leere (nicht an die naturwissenschaftlich existierenden Grenzen stoßende) Welt. Mit diesem Bild kann man das gestrige Denken offenlegen. Das Konzept stammt von Herman Daly.[48] Derzeit wird in der Mainstream-Politik weiterhin entlang der gängigen Gedankengebäude des Industriezeitalters des 20. Jahrhunderts argumentiert, als die Welt nicht leer, aber deutlich leerer war als jetzt und die globalen, ökologischen sowie gesellschaftlichen Herausforderungen noch als aufschiebbar galten.

- **web of life** = das ‚Netz des Lebens‘, in welchem die Menschheit wie in einer Hängematte liegt – und wir sind: schwer.°

- *Weiter-Sos,* **die** | *Weiter-So,* **die:der** >> Achtung: polarisierend. Gemeint sind Menschen, die *weiter so* machen wollen wie bisher, also alles so lassen wollen, wie es ist, und dafür den Zivilisationskollaps samt Tod der kommenden Generationen bewusst/billigend/faktisch in Kauf nehmen.

- **Wellbeing-Budget, das** >> ein Staatshaushalt, der auf das Wohlergehen und die Lebensqualität der Bürger:innen abzielt und dessen Messindikatoren daher auf sozialen und ökologischen Kriterien basieren.

° Vgl. bevoelkerung.handbuch-klimakrise.de.

4.2 Weitere hilfreiche Begriffe

Vokabular, das i. d. R. selbsterklärend ist und daher leicht in Diskussionen eingebracht werden kann:

- **180-Grad-Wende, die** >> ergänzend zu ‚Transformation', um zu zeigen, dass wir, die Menschen, in die *entgegengesetzte* Richtung gehen müssen. Michael Ende hat dazu 1994 ein Bild geschaffen: „Auf einem Dampfer, der in die falsche Richtung fährt, kann man nicht sehr weit in die richtige Richtung gehen."[49]

- **Ablenkungsgesellschaft, die** >> oder auch: Zerstreuungsgesellschaft.

- **Ausbeutung, die vieldimensionale** >> beispielsweise regional, global, zeitlich (historisch, gegenwärtig, zukünftig), Ressourcen, Verschmutzung, Kinderarbeit, faktische Sklaven, imperiale Strukturen etc.

- **Backfire-Effekt, der** >> meint das sozialpsychologische Phänomen, das durch klare, z. B. wissenschaftliche Beweise die gegenteiligen Glaubensüberzeugungen sogar gestärkt werden können, vgl. z. B. den Umgang der sog. Kreationist:innen[p] mit der Lehre Darwins in den USA.[q]

- **Beharrungskräfte, die** >> sind groß, wohl sehr viel größer, als sich das bspw. Umweltschützer:innen der 1970er Jahre hätten vorstellen können. Systemerhaltungsreflexe von Unternehmen, Shareholder:innen, Verwaltung, Funktionär:innen und Bürger:innen, die sich vor Veränderung fürchten, sind mannigfach vorhanden. Es ist gut, diese im Gespräch zu benennen und als zu überwinden zu kennzeichnen.

- **Beschäftigungstherapie, die** >> die Behauptung des Erfordernisses von weiterem Forschungsbedarf bzw. die Forderung nach immer neuen Studien, um etwas zu beweisen, was längst bewiesen oder offensichtlich ist. Gleichfalls den Charakter von Beschäftigungstherapie haben die rhetorischen, teils destruktiven Ablenkungsmanöver[r], die allzu oft dazu führen, dass Proaktive jede Debatte mit der Klärung von Grundlagen beginnen und zum eigentlichen Punkt gar nicht vordringen. Wir Autoren behaupten, dass Beschäftigungstherapie oftmals gewollt bzw. eine typische Lobbyist:innen-Strategie ist. Gewöhnen Sie sich an den Gedanken: Die Mehrzahl der Menschen in leitenden Positionen in Politik, Finanzsektor und Ökonomie hat aktuell kein Interesse an Veränderung.

---

[p] Eine in den Südstaaten der USA entstandene religiöse Auffassung, dass die Welt einschließlich des Menschen buchstäblich so entstanden ist, wie es im 1. Buch Mose beschrieben ist.

[q] Dazu Craig Silverman (2011): „When your deepest convictions are challenged by contradictory evidence, your beliefs get stronger." – auf Deutsch: Wenn Ihre tiefsten Überzeugungen durch gegenteilige Beweise in Frage gestellt werden, werden Ihre Überzeugungen stärker. (In der Psychologie auch ‚backfire effect' genannt.)

[r] Ein weiteres Ablenkungsmanöver besteht darin, eine Frage mit dem Hinweis auf ein weiteres Problem zu kontern, sodass das Gegenüber scheinbar ihr:sein Verständnis ausdrückt und allzu oft unbemerkt zum nächsten, unverfänglicheren Thema überleitet. Weiß man um diesen rhetorischen Trick, kann man ihn benennen und/oder zum eigenen Thema zurückkommen und nachhaken.

- **Diktatur der Gegenwart, die** (auf Kosten der Zukunft / der jungen Generation) >> in Ablehnung des Herbeiredens einer Ökodiktatur[50] – auch: Generationen-Imperialismus.

- **Energiesouveränität, die | energiesouverän sein** >> als Umschreibung des Zustands einer Gesellschaft ohne Abhängigkeit von weltweiten Energie-Lieferketten. Das schließt für Deutschland auch Atomkraft aus, die urangestützt ist und mit vielschichtigen Abhängigkeiten einhergeht.

- **Entscheider:innen-Generationen, die** >> sind die derzeitigen Erwachsenengenerationen. Mit diesem Begriff wird die Verantwortung benannt, die die Erwachsenengenerationen tragen: Jede:r Wahlberechtigte in Deutschland ist darauf aufmerksam zu machen, dass sie:er für das, was gerade passiert, Verantwortung trägt. Und: Demokratie ist weit mehr als alle vier Jahre zur Wahl zu gehen.

- **Erdsystemverantwortung, die** >> Diesen Begriff hat Dirk Messner, Präsident des Umweltbundesamtes (UBA), geprägt. Der Begriff verkörpert den Gedanken, dass wir, die Erwachsenen, die Erde von unseren Kindern nur geborgt haben. Gern wird dieser Gedanke auch wie folgt formuliert: ‚Wir haben die Erde nicht von unseren Eltern geerbt – sondern von unseren Kindern geliehen.'[s]

- **Externalisierung, die | Externalisieren, das** >> das Abwälzen von Kosten auf die Natur und den Menschen (hierzulande, global und auf die kommenden Generationen).

- **Gemeinsinn, der** >> kommt im Unterschied zum zurzeit oft von Politiker:innen oder Firmenchef:innen beschworenen ‚Zusammenhalt' von *innen* und „‚muss von den Menschen selbst hergestellt und aufgebaut werden' […]. Deshalb bedeute Gemeinsinn auch ‚nicht das Gegenteil von Individualismus, sondern von Egoismus'", zitiert Ulrich Schnabel die Literaturwissenschaftlerin Aleida Assmann.[51] „Gemeinsinn ist daher (ebenso wie Egoismus) regelrecht ansteckend. Und die effektivste Art, ein solches Denken und Verhalten zu stärken, ist es, sich selbst entsprechend zu verhalten und andere davon wissen zu lassen."[52]

- **Gemeinwohl, das** >> Darum geht es doch, oder? (↑ S. 52 ‚Wohlergehen, das').

- **Generationengerechtigkeit, die** >> ist der so oft geforderten ‚sozialen Gerechtigkeit' bzw. der Sozialverträglichkeit entgegenzusetzen. Als einzusetzenden Überbegriff empfehlen wir ‚Klimagerechtigkeit' bzw. ‚klimagerecht'. (Anmerkung: Selbstredend ist soziale Gerechtigkeit ein hohes Gut – nur wird dabei oft ausschließlich an die Gegenwart gedacht, also die Zukunft ausgeblendet. Daher betonen wir Autoren mit diesem Begriffsvorschlag selbige Dimension.)

---

[s] Karl Marx (o. J.) fasste diesen Gedanken in folgende Worte: „Selbst eine ganze Gesellschaft, eine Nation, ja alle gleichzeitigen Gesellschaften zusammengenommen, sind nicht Eigentümer der Erde. Sie sind nur ihre Besitzer, ihre Nutznießer, und haben sie als boni patres familias (‚gute Familienväter') den nachfolgenden Generationen verbessert zu hinterlassen."

- **Gier, die** >> Das Wort ist derart zutreffend, dass es von den *meisten Menschen* nicht gern gehört wird. Hierzu hat Mahatma Gandhi festgehalten: „Die Welt hat genug für jedermanns Bedürfnisse, aber nicht genug für jedermanns Gier." (Gandhi zugeschrieben.)

- **Kipppunkte, die sozialen** >> Analog zu den Kipppunkten im Klimasystem, gibt es auch soziale Kipppunkte. Das sind Momente in dynamischen Systemen, bei denen eine kleine Veränderung eine abrupte, irreversible Änderung eines sozialen Systems auslöst. Diese Änderung kann sowohl positiv als auch negativ sein.[53]

- **Klimagerechtigkeit, die | klimagerecht** >> Überbegriff für Generationen- und soziale Gerechtigkeit; schließt den globalen Süden ein.

- **Klima-Reparationszahlungen, die** >> Zahlungen, die im Rahmen der Weltklimakonferenzen unter dem Titel ‚loss and damage' diskutiert werden, als Ausgleich für Klimaschäden im globalen Süden, die weit überwiegend vom globalen Norden verursacht wurden/werden. Wir Autoren geben hier zu bedenken, dass der globale Süden nur dann bei der Abmilderung der multiplen Krise mitwirken kann/wird, wenn der globale Norden einen massiven Ausgleich schafft – was nach unserer Einschätzung schon für sich genommen das Ende des neoliberalen Kapitalismus, wie wir ihn aktuell erleben, bedeutet.

- **Kollaps, der | kollabieren**, Erdsystemkollaps, Gesellschaftskollaps, Zivilisationskollaps.

- **kollektive Lebenslüge, die (entlarven)** >> Gemeint ist das gesamte Gedankengebäude, auf dem die imperiale Lebensweise fußt, s. auch S. 36.

- **Leben in Würde, das** >> Die Würde des Menschen bzw. die Menschenwürde sowie die unverbrüchlichen Menschenrechte sind stets hervorzuheben.

- **Lebensgrundbedürfnisse, die** >> Herauszustellen sind hier saubere Luft, sauberes Trinkwasser, gesunde Lebensmittel, Kleidung, ein Dach über dem Kopf, Wärme, Sicherheit, Hygiene, Schlaf, Kommunikation, Beziehungen, gesehen werden, Nähe und Sexualität sowie soziale und kulturelle Teilhabe, Gesundheitsversorgung, Bildung, Energie sowie Mobilität.[54]

- **Lebensgrundlagen, die**, existenziellen, zivilisatorischen.

- **Lebensmittel, die** >> im Unterschied zu *Nahrungs*mittel: Lebensmittel = naturnah oder (weitgehend) unverarbeitet, z. B. Rohkost – im Gegensatz zu hochverarbeiteten (Fertig-)Nahrungsmitteln, s. auch S. 33 ‚Billigstnahrung, die'.

- **Liebe, die** >> Konkurrenz, Wettbewerb, Leistung, Ungleichheit, Patriarchat führen – so zeigt es der Ist-Zustand der Welt – absehbar in den Zivilisationsabsturz. So ‚weit' sind wir Menschen nun gekommen: Nur noch die Rückbesinnung auf diesen hohen Wert menschlichen Daseins vermag uns zu helfen. Es ist Zeit für Liebe, Güte und Solidarität.

- **Massenapathie, die** >> So kann man den Zustand unserer Gesellschaft bzw. das Verhalten vieler Menschen unserer Gesellschaft diagnostizieren.

- **Menschenrecht, das (unverbrüchliche) | Menschenrechte, die (unverbrüchlichen)** >> s. auch S. 43 ‚Leben in Würde, das‘.

- **Menschenrechtsverletzung(en), die** >> Die bei einem ‚Weiter so‘ absehbare Verelendung der Welt kann als maximal mögliche Menschenrechtsverletzung charakterisiert werden.

- **(mehr) Mehrverbrauch, der** >> meint die Tatsache, dass wir Menschen, vor allem und in erster Linie wir Bürger:innen der frühindustrialisierten Länder, Jahr für Jahr mehr verbrauchen, vgl. exponentiell zunehmender Verbrauch von Ressourcen etc. Hier kann auch ein Verweis auf die faktisch gelebte (nicht medizinische) ‚Schizophrenie‘ erfolgen, mit der die Menschheit derzeit in Form von ‚Klimamaßnahmen bei gleichzeitig mehr Mehrverbrauch‘ lebt. Harald Welzer hielt dazu im Vorfeld der Bundestagswahl 2021 fest: „Man stelle sich nur mal vor, der Koalitionsvertrag, den wir bald sehen werden, beginnt mit der Aussage: ‚Wir werden für gesteigerten Verbrauch sorgen.‘ Klingt gleich ganz anders, oder? Dann wäre bestimmt ein anderes Bewusstsein dafür da, was diese wohlklingenden Wachstumsbeschwörungen in Wahrheit immer bedeuten. Vor allem für die Umwelt.“[55] – s. auch S. 52, ‚Steigerungslogik, die‘.

- **Multiplikator:innen, die** >> tragen besondere Verantwortung. Dies sind beispielsweise Politiker:innen, Journalist:innen, Künstler:innen, Influencer:innen – alle Menschen, deren Worte und Handlungen öffentlich beachtet und die potenziell als Rollenvorbild angesehen werden.

- **naiv – Adjektiv** >> einführen/verwenden für Argumentationen, die auf ein ‚Weiter so‘ hinauslaufen.

- **Neustart, der mentale**, auch: ‚kompletter Neustart‘.

- **Ökozid, der** >> Begriff zur Beschreibung dessen, was bei einem ‚Weiter so‘ passiert.

- **Pflanzenblindheit, die** (engl. ‚plant blindness‘[56]) >> Der Begriff beschreibt die vollkommene Ahnungslosigkeit vieler heutiger Städter:innen die Flora in ihrer Mitwelt betreffend. Die Wahrnehmung ist zu umschreiben mit „Meine Umgebung ist grün, also ist alles in Ordnung.“ Aber in Wirklichkeit haben die Allermeisten von uns einen extrem geringen Kenntnisstand, weil sie keine naturnahe Sozialisation erhalten haben. Des Weiteren gibt es den psychologischen Effekt der sog. ‚Shifting Baselines‘ (= sich verschiebende Grundannahmen, die wahrgenommene ‚Normalität‘, s. nachfolgend S. 44).

- **Schicksalsgemeinschaft, die** >> Dieser Begriff lässt sich alternativ für ‚Menschheit‘ nutzen.

- **Shifting Baselines, die** >> Der Begriff meint schleichende Veränderungen der Mitwelt, die zu langsam bzw. zu langfristig sind, als dass man sie unmittelbar korrekt einordnen könnte: Jede Generation nimmt die Welt, in die sie geboren wird, als gegeben hin, d. h. als ‚normalen‘ Ist- bzw. Natur-Zustand – unabhängig davon, wie es vor ihrer Zeit aussah. Konkret wird ein:e Fischer:in den Zustand des familiär angestammten Fanggebietes, wie sie:er ihn kennengelernt hat, als gegeben ansehen, obgleich ihre:seine Vorfahren immer wieder erzählen, dass es in der Gegend früher viel mehr, größere und auch andere Fische gegeben hat.[57]

Ein weiteres Beispiel: Es wird heute als normal angesehen, dass es so wenige Insekten gibt, dass Windschutzscheiben auch nach langer Autofahrt sauber sind, während man noch vor einigen Jahrzehnten regelmäßig die Frontscheibe säubern musste.

- **Solidarität, die | solidarisch** >> Eine Haltung der Verbundenheit, wird in modernen Übersetzungen der Parole der frz. Revolution benutzt: „Freiheit, Gleichheit, Solidarität".

- **Sonntagsbraten, der** >> ein schönes Stichwort, unter dem sich jede:r ältere Mitbürger:in etwas vorstellen kann – zur Verdeutlichung (nicht) angemessener Ernährungsgewohnheiten.

- **Tragödie, die** >> spielt sich vor unseren Augen ab: Klimatragödie, Menschentragödie, Menschheitstragödie.

- **Tragweitenverständnisdefizit, das**
  >> Die meisten Menschen haben ein abstraktes Verständnis davon, dass die ökologischen Krisen bedrohlich sind. Es fehlt aber die konkrete Vorstellung über das Ausmaß (und die Zeitskala), in dem sich die Krisen auf ihr eigene Leben auswirken werden. Dies ist einer der Gründe für die niedrige Priorität, mit die die ökologischen Krisen in Politik und Gesellschaft behandelt werden.

- **Träumer:in, die:der | Träumende, die:der** >> proaktive Umdrehung der Wahrnehmung bzw. Perspektive dahingehend, wer Realist:in und wer die:der Träumer:in ist. Anders ausgedrückt: Die Befürwortenden eines ‚Weiter so' mahnen oft einen Realitätssinn für das angeblich Machbare an. Tatsächlich ist es genau umgekehrt: ‚Weiter so' ist keine Option, sondern Träumerei. Dies kann und soll man in Gesprächen daher auch so benennen.

- **Träumer:innen des ‚Weiter so', die | Träumenden des ‚Weiter so', die** >> polarisierend, doch manchmal muss man Realitätsverweigerung beim Namen nennen.

Apropos ‚Tragweitenverständnisdefizit':

Sara Schurmann macht in ihrem Buch *Klartext Klima* (2021, 51f.) vereinfacht „drei Gruppen [aus], deren Wahrnehmung der Krise sich fundamental voneinander unterscheidet":

- „Gruppe 1 hält die globale Erwärmung noch immer für eine relativ ferne und abstrakte Bedrohung."

- Gruppe 2 stimmt „der Aussage zu, dass Klimaschutz wichtig sei – Wirtschaft, Wachstum, Wohlstand und Arbeitsplätze sind in ihren Augen aber wichtiger. Und warum sollte man jetzt Annehmlichkeiten wie Fliegen, Fleisch essen oder schnell Auto fahren aufgeben, wenn es doch die meisten anderen auch nicht tun?"

- Die kleine Gruppe 3 „weiß, dass die Klimakrise sehr konkret und akut ihre eigenen Lebensgrundlagen bedroht, und schafft es auch, diesen Gedanken nicht immer wieder sofort zu verdrängen [...]. [I]hre Sicht [ist] die einzige [...], die von der Wissenschaft getragen wird."

„Typ 2 und 3 können stundenlang übers Klima sprechen, ohne dass Typ 2 realisiert, dass die Krise schlimmer sein könnte, als er bisher annimmt [...]. [Ernste] Aussagen von Typ 3 halten diese Menschen wahlweise für rhetorische Mittel oder Übertreibungen."

Diese Analyse passt zu Zahlen einer 2021 veröffentlichten Studie, der zufolge 12,2 % der in der Studie befragten Menschen der Gruppe 3 angehören und *nicht* in „Climate Neverland" (auf Deutsch etwa: ‚abseits der Klimarealität') leben (vgl. *Allianz Research 2021*).

- **Trippelschritte, die** >> eine treffende Bezeichnung bisheriger ökologischer Maßnahmen bzw. Reformpakete.

- **Überleben, das menschenwürdige** >> Vom Aussterben der Menschheit im Wortsinne ist bis auf Weiteres nicht auszugehen. Dabei geht es nicht um das ‚pure Überleben‘ der Menschheit, sondern vielmehr um ein Überleben in einem der Menschenwürde und der Menschlichkeit angemessenen Rahmen. Global.

- **unrettbar verloren** – Adjektiv >> sind die bisherigen Lebensgewohnheiten.

- **unterkomplex** – Adjektiv >> meint die Beschreibung eines Sachverhaltes unter Einschluss zu weniger Aspekte/Sachverhalte.

- **unzureichend** – Adjektiv >> Die bisherigen Maßnahmen zu Zivilisationswahrung/ Lebensschutz/Naturbewahrung etc. sind völlig unzureichend. Der Klimaforscher Mojib Latif kommentierte seinerzeit das Klimaschutzgesetz von 2019 wie folgt: „Mit diesen Maßnahmen leisten wir dem Klima viel eher Sterbehilfe.“[58]

- **Verantwortungsdiffusion, die** >> Die globalen Produktions- und Lieferketten sind i. d. R. derart lang, dass eine Zuordnung von Verantwortung oftmals nicht mehr möglich ist. Hersteller von Smartphones sehen sich z. B. (gewollt?) nicht dazu in der Lage anzugeben, woher die seltenen Erden stammen, die sie darin verbauen. Im gleichen Sinne ist auch von der ‚organisierten Verantwortungslosigkeit‘ zu sprechen. Kinderarbeit und Menschenrechtsverletzungen verschwinden so in einem Nebel, der von Verbraucher:innen selbst bei gutem Willen nicht durchdrungen werden kann.

- **Verwerfungen, die sozialen** >> sind dann zu befürchten, wenn sich die Überlebenskrise der Menschheit weiter auswächst, oder, zeitlich viel früher, wenn sich reiche Menschen aus Lebensschutzmaßnahmen herauskaufen können sollten und z. B. weiter um den Globus fliegen (↑ S. 29).

- **verworten** – Verb, aus der Psychologie >> Was man nicht verworten, d. h. in Worte fassen, kann, kann man auch nicht erklären, beschreiben und verstehen, geschweige denn emotional begreifen. Dies ist zugleich der Ausgangspunkt dieser Handreichung: Wir Bürger:innen können bislang weder *individuell* noch *in der Gemeinschaft* die Überlebenskrise der Menschheit in ausreichendem Maße verworten (↑ S. 11). Siehe dazu auch Ludwig Wittgenstein: „Die Grenzen meiner Sprache bedeuten die Grenzen meiner Welt.“[59] Und: „Alles, was überhaupt gedacht werden kann, kann klar gedacht werden. Alles, was sich aussprechen lässt, lässt sich klar aussprechen.“[60]

- **Vollkostenrechnung, die** >> Einbezug sämtlicher Kosten des gesamten Produkt-Lebenszyklus unter Einschluss der Ressourcengewinnung, ggf. globaler Transporte, der Nutzung und der finalen Beseitigung sowie weiterer ‚externer Kosten‘.

- **Wachstum, das** >> Falls dieser Begriff von Ihnen verwendet oder im Gespräch von Dritten eingebracht wird, empfehlen wir, den Begriff stets aktiv in den Zusammenhang mit Krebszellen zu setzen – das einzige Phänomen unbegrenzten Wachstums. Eckart von

Hirschhausen merkt dazu an: „Ich halte die Idee für grundfalsch, dass wir ständiges Wachstum brauchen. Im Körper heißt so was Krebs."[61] (↑ S. 44 ‚(mehr) Mehrverbrauch, der' und ↑ S. 52 ‚Steigerungslogik, die')

- **weltfremd** – Adjektiv >> zur Bezeichnung von ‚Weiter so'-Träumereien/-Träumenden (↑ S. 45, Träumer:in, die:der | ‚Träumende', die:der).

- **Weltkrise, die chronische** >> Mittlerweile kommen bspw. die Bürger:innen und Politiker:innen gar nicht mehr aus dem Krisenmodus heraus: Klimakrise und sechstes Massenaussterben sind nunmehr im Alltag spürbar. Extremwetter, Konflikte, Populismus und Verteilungskämpfe nehmen deutlich zu.

- **Weltzerstörer:in, die:der | weltzerstörerisch** >> polarisierend: ein maximales Schimpfwort für eine Person, die, bzw. ein Unternehmen, das weiterhin z. B. in fossile Energien investiert.

- **Wohlstandsgerümpel, das** >> all die Gegenstände, Spontankäufe und Produkte, die nach zwei Wochen in der Ecke stehen oder unbenutzt auf dem Dachboden Staub ansetzen – um dann beim nächsten Umzug originalverpackt entsorgt zu werden. Wohlstandsgerümpel kostet die:den Konsumierende:n zweimal Zeit, Geld und Energie: beim Kauf und beim Wegschmeißen.

- **Zivilisationsabsturz, der**, Zivilisationsverlust, Zivilisationskollaps.

- **Zukunftsermöglichung, die** >> Ein ‚Weiter so' ist eine Absage an eine Zukunft der menschlichen Zivilisation. Zukunft ist nur noch durch aktive Gestaltung zu ermöglichen. Bleibt die Menschheit passiv, gibt es keine Zukunft auf zivilisatorischer Basis. *Das* ist die Situation, in der sich die Menschheit befindet.

- **Zukunftsverweiger:in, die:der | Realitätsverweiger:in, die:der** >> polarisierend. Doch es gibt Momente, in denen klare Worte erforderlich sind.

Weitere Adjektive, die hilfreich sein können:

endgültig, eskalierend, existenziell, final, gravierend, irreversibel, massiv, smart, unwiderruflich.

4.3 Wording, das alte Begriffe ersetzt

Ein neues Wording, das veraltete Begriffe ersetzt. Ein erweiterndes Begriffsfeld. Neues Vokabular, das konservative, verwässerte Begriffe vermeidet oder die Dringlichkeit/ Dimension der Herausforderung betont:

- **Abmilderung der Erderhitzung, die** >> statt ‚Klimaschutz' – in Anlehnung an engl. *climate change mitigation.*

- **antisozial** – Adjektiv >> statt ‚asozial'. Letzteres ist ein zu vermeidender nationalsozialistisch besetzter Begriff, der zu jener Zeit ein Rechtsbegriff gewesen ist. Auch wurden Menschen jüdischen Glaubens damals als ‚asoziale Elemente' bezeichnet. In der DDR wiederum sah das Strafgesetzbuch bis zu zwei Jahre Haft für ‚asoziales Verhalten' vor.[62]

- **Beschäftigungsverhältnis, das | Beschäftigung, die | Aufgabe, die | Herausforderung, die** >> statt Arbeitsplatz/Arbeitsplätze/Job.

- **CO_2-intensive Lebens*gewohnheiten*, die** >> statt Lebens*stil*, Lebens*standard*. Und: Eine Gewohnheit kann auch schlecht sein.

- **Daseinsvorsorge, die angstfreie** >> statt Hartz IV, Bürgergeld und Armutsfalle.

- **‚Denkmuster ändern'** >> statt ‚Wir brauchen ein neues Denken', welches eine Nähe zu ‚Denkverbot' und George Orwells *1984* aufweist, was weder gemeint noch gewünscht ist. „Wir Menschen der frühindustrialisierten Staaten müssen Denkmuster ändern" ist unverfänglicher als ‚das Denken ändern' oder ‚anders denken'. Hinweis zu obigem Vorschlag: das ‚Wir' betonen bzw. die Konstruktion ‚viele von uns' verwenden, s. dazu auch S. 16.

- **Durchfahrtsbeschränkung, die** >> statt Fahrverbot, Fahrverbotszone. ‚Durchfahrtsbeschränkung' ist sachlich wesentlich zutreffender, da es i. d. R. lediglich darum geht, dass Autofahrende bestimmter Fahrzeugklassen einzelne Straßen oder Quartiere nicht befahren dürfen, mit Ausnahme der Anlieger:innen. Ein Fahrverbot wird hingegen einer Person erteilt, der der Führerschein entzogen wurde.

- **Energieträger, die fossilen** >> statt Öl, Kohle, (Erd-)Gas, LNG (*liquified natural gas =* Methan = Erdgas).

- **Erderhitzung, die** [mit immer mehr Extremwetter] >> statt ‚Klimawandel' oder ‚Erderwärmung'. ‚Wandel' suggeriert Langsamkeit und Berechenbarkeit. ‚Erwärmung' klingt nach ‚warmen Sommern'.

- **Erdgas, das verflüssigte** >> statt LNG = *liquified natural gas* = Methan.

- **Extremwetter, das** >> zusammenfassend statt ‚Schneesturm', ‚Sommerhitze', ‚Starkregenereignis' o. Ä. zur Betonung dessen, dass alle diese Wetterphänomene heute stets generell unter Einfluss der Erderhitzung stehen.

Vgl. dazu ‚Attribution Science', auf Deutsch: ‚Zuordnungsforschung', u. a. von Friederike Otto (2019): „Jedes Wettergeschehen – ein Hurrikan genauso wie ein leichter Sommerregen – findet heute unter anderen Umweltbedingungen statt als noch vor 250 Jahren."[63]

- **Fauna, die und Flora, die** >> statt Umwelt. Tierwelt (Fauna) und Pflanzenwelt (Flora) bilden unsere Mitwelt und wir Menschen zählen biologisch zur Tierwelt.

- **Fortschritt, der gerichtete** >> statt Innovation. Begründung: Nicht jede Innovation ist ein Fortschritt. Fortschritt ist zudem heute angesichts der Überlebenskrise alles Lebendigen das, was ebendiesem Überleben in Form eines menschenwürdigen Daseins dient – und so gesehen *gerichteter* Fortschritt. Betrachtet man die Produkte/Dinge, die bislang als Fortschritt galten, sind viele von ihnen lediglich Innovationen.

- **Freiheits*begriff*, der** = unser Begriff von Freiheit >> statt ‚Freiheit', wie sie die konservativen Parteien für sich und ihre Klientel reklamieren. Kommt das Gespräch auf ‚Freiheit', ist nach unserem Dafürhalten der Freiheitsbegriff *sofort* und *aktiv* ins richtige Licht zu rücken. Der Begriff ‚Freiheit' wird nach Ansicht der Autoren mittlerweile meistens synonym bzw. pervertiert für ein egomanisches Selbstverständnis und das Recht des Stärkeren bzw. Rücksichtslosigkeit verwendet, insbesondere auch als das Recht auf unbeschränkten Konsum ohne Rücksicht auf die Auswirkungen. Der Freiheitsbegriff, wie er jahrhundertelang verstanden wurde, stellt klar, dass die Freiheit des Einzelnen dort endet, wo die Rechte anderer beeinträchtigt werden. Dies wurde schon 1789 in der französischen Erklärung der Menschen- und Bürgerrechte niedergeschrieben[64] und findet sich in etwa auch so im sog. ‚kategorischen Imperativ' von Immanuel Kant.[65] Auch das deutsche Grundgesetz definiert in Artikel 2 den Begriff ‚Freiheit' in diesem Sinne: „Jeder hat das Recht auf die freie Entfaltung seiner Persönlichkeit, soweit er nicht die Rechte anderer verletzt…"

- **Genügsamkeit, die | genügsam sein | unterlassen | aufhören | weglassen** >> statt Verzicht/verzichten = ein ‚Kampfbegriff' der Verfechter:innen des Status quo. Es ist festzuhalten, dass man nur auf das verzichten kann, was einer:einem zusteht. Die Menschen in Deutschland verbrauchen seit 1979 jährlich nahezu gleichbleibend die Errungenschaften von drei Erden[66], sodass wir Autoren davon ausgehen, dass ‚Verzicht' in den wenigsten Fällen die korrekte Vokabel ist.

- **Grenze, die** >> statt Ziel. ‚Grenze' ruft die Assoziation hervor, dass sie nicht überschritten werden kann/darf/soll. 1,5 Grad ist in diesem Sinne kein zu erreichendes Ziel, sondern eine nicht zu überschreitende Grenze.

- **Herausforderung(en), die** >> statt Problem(e). Nicht immer ist, wie in dieser Handreichung erkennbar, der Begriff ‚Problem' durch ‚Herausforderung' sinnvoll zu ersetzen. Wo es möglich ist, empfehlen wir Autoren, den Begriff ‚Herausforderung' zu benutzen, dieser wirkt motivierender.

- **‚im System liegend'** – Adjektiv >> statt ‚systemisch'. Begründung: Der abstrakte Begriff ‚systemisch' ist vielen Mitbürger:innen nicht geläufig und auch nicht ohne Weiteres verständlich. Das ist schade, bezieht doch systemisches Denken die Dynamik von Selbstorganisationsprozessen in die Überlegungen ein: Bei komplexen Systemen sind die Folgen der Maßnahmen im Vorfeld i. d. R. nicht übersehbar, sodass es zu unerwarteten ‚Nebenwirkungen' kommen kann.

- **Klimaflüchtende, Klimageflüchtete** >> statt (Klima-)Flüchtlinge. Die Endsilbe ‚-ling' besitzt im Deutschen eine verniedlichende Bedeutung. Die hier vorgeschlagenen Begriffe betonen das aktive Moment der notwendigen Flucht.

- **Konkurrenzgesellschaft, die** >> statt Wohlstands-, Wettbewerbs- und Leistungsgesellschaft, s. auch S. 66 Precht zum Thema ‚Leistungsgesellschaft'.

- **Konsumismus, der** >> statt Konsum, Shopping; auch schön zu verwenden: Prestigekonsum, Statuskonsum.

- **Lebensgewohnheiten, die** >> statt Lebens*stil*, eher nicht: Lebensweise, es sei denn im Zusammenhang mit ‚imperialer Lebensweise', s. auch S. 48 ‚CO$_2$-intensive Lebensgewohnheiten, die' sowie S. 36 ‚imperiale Lebensweise, die'.

- **Lebensschutz, der** >> statt Klimaschutz bzw. Umweltschutz. Hinweis: Es reicht nicht, nur die Menschen zu schützen. Es bedarf auch des Schutzes von Flora und Fauna.

- **Leitplanken, die** >> statt Verbote/verbieten. Auch: regulieren, deckeln, limitieren, beschränken, Ordnungsrecht – und gern stets auf die profitierende gesellschaftliche Mehrheit hinweisen wie bei Tempobeschränkungen (↑ S. 48 ‚Durchfahrtsbeschränkung, die').

- **Massenaussterben, sechstes** [von Pflanzen und Tieren] >> statt Biodiversitätsverlust/ Artensterben.

- **(mehr) Mehrverbrauch, der** >> statt ‚Wachstum': Letzteres ist verbranntes ‚Weiter so'-Vokabular.

- **Menschheitskatastrophe, die** >> statt Klima-, Natur- oder Umweltkatastrophe.

- **Menschheitsschutz, Menschenschutz** >> statt Klima- oder Umweltschutz. Hinweis: Es reicht nicht, nur die Menschen zu schützen (↑ S. 50 ‚Lebensschutz, der', ↑ S. 51 ‚ökologische Katastrophe, die' sowie Ausführungen zum Ahrtal ↑ S. 17).

- **Mitwelt, die** >> statt Umwelt. Diese Begriffsersetzung funktioniert leider in zusammengesetzten Wörtern wie ‚Umweltschutz' nur bedingt – doch wenn man für sich genommen von der Mitwelt statt Umwelt spricht, stärkt dies das Verständnis, dass wir Menschen nicht getrennt von der ‚Um-uns-herum-befindlichen-Welt', sondern vielmehr Teil der Natur sind (↑ S. 51 ‚multiple Krise der Mitwelt, die' sowie ↑ S. 51 ‚Naturzerstörung, die').

- **Mobilität, die** >> statt Verkehr. Smarte/intelligente Mobilität als Gegensatz zu SUV, motorisiertem Individualverkehr (MIV) & Co. Weitere Anregung: *aktive* Mobilität vs. *passive* Mobilität sowie *Fortbewegungs*mittel statt Verkehrsmittel.

- **multiple Krise der Mitwelt, die** >> statt Umweltkrise, Klimawandel, Klimakrise. Schließt das sechste Massenaussterben ein.

  - Hinweis zur Problematik des Begriffs ‚Krise': Unter einer Krise versteht man laut Duden den kritischen Wendepunkt in einem Krankheitsverlauf, bzw. eine schwierige Situation, die den Höhe- und Wendepunkt einer gefährlichen Entwicklung darstellt. Dies folgt der Bedeutung des lateinischen Wortes ‚crisis', das mit ‚Entscheidung' oder ‚entscheidende Wendung' übersetzt wird.
    Streng genommen ist das Wort ‚Krise' also nicht zur Anwendung auf die Klimakrise oder das sechste Massenaussterben geeignet, da bei beiden die Zerstörung stetig wächst, ein Wendepunkt also nicht in Sicht ist.

  - Antonio Gramsci: „Die Krise besteht gerade in der Tatsache, dass das Alte stirbt und das Neue nicht zur Welt kommen kann: In diesem Interregnum kommt es zu den unterschiedlichsten Krankheitserscheinungen."[67]

- **Naturzerstörung, die** >> statt Umweltverschmutzung bzw. Umweltzerstörung. Der Mensch und auch die Stadt sind Teil der Natur: Den eigenen Garten komplett zum Steingarten zu machen oder schlicht das gesamte Grundstück unter Kies zu begraben, ist folglich Naturzerstörung.

- **Null-Emissionen, die** >> Reduzierung der Emissionen auf null, Emissionsfreiheit >> statt ‚Klimaneutralität' bzw. ‚Netto-Null'.

  - Null-Emissionen bedeutet, dass tatsächlich keine Treibhausgase emittiert werden.

  - Netto-Null bedeutet, dass die Emissionen (um einen häufig nicht genau genannten Anteil) reduziert und die übrigbleibenden Emissionen rechnerisch durch Zertifikate kompensiert werden.

  - Wie die Qualität der Kompensationen aussieht, ist unklar: Wer garantiert, dass die Kompensationen zusätzlich, dauerhaft und fair sind (d. h., dass z. B. keine Indigenen/ Landwirt:innen von ihrem Land vertrieben werden)?

  Wichtig ist, was *eingerechnet* und was *herausgerechnet* ist. Sonst kommt es zu solch abstrusen Behauptungen wie der, der Hamburger Flughafen sei klimaneutral.[68] Auch fantasievoll: Eine neue Ölquelle in Norwegen, wo noch jahrzehntelang gefördert werden soll, produziert nach Angaben des Unternehmens das Öl kohlenstoffneutral.[69]

- **ökologische Katastrophe, die,** menschengemachte, anthropogene >> statt ‚Naturkatastrophe', ‚Umweltkatastrophe'. Beispiel: ‚Ahrtal' ist entgegen vielen journalistischen Beiträgen keine *Natur*katastrophe. Es handelt sich vielmehr um eine **menschen*verursachte* ökologische Katastrophe.**

- **ökologische Krise, die** eskalierende >> statt Klimakrise, fasst Klimakrise und Massenaussterben in einem Wort zusammen, s. auch S. 51 ‚multiple Krise der Mitwelt, die'.

- **Ökonomie, die** >> statt ‚Wirtschaft': Letzterer Begriff wird allgemein mit der kapitalistischen Variante von Ökonomie gleichgesetzt. Der Begriff ‚Ökonomie' ist allgemeiner gehalten und zudem weniger negativ vorgeprägt bzw. weniger emotional besetzt:

Menschen betreiben Ökonomie, um arbeitsteilig mehr und bessere Erzeugnisse herzustellen, als sie es als Individuum könnten.

Aristoteles unterscheidet zwischen der Ökonomik, d. h. der natürlichen Erwerbskunst bzw. Hausverwaltungskunst und der Chrematistik, d. h. der widernatürlichen Erwerbskunst bzw. Kunst des Gelderwerbs.[70]

- **Schwurbler:innen, die** >> statt ‚Quer*denker:innen'.

- **Staaten/Nationen, die frühindustrialisierten** >> statt Industriestaaten/-nationen. Betont und stellt richtig, dass der größte Anteil der CO_2-Emissionen etc. aufsummiert seit Beginn der Industrialisierung von den USA und den europäischen Staaten stammt. Weitgehend synonym kann hier auch der Begriff ‚globaler Norden' zur Unterscheidung vom sog. ‚globalen Süden' verwendet werden, s. auch S. 52 ‚Süden, der globale'.

- **Steigerungslogik, die** >> statt Wachstum. Steigerungslogik ist diejenige Logik, die der aktuellen Ausformung des Kapitalismus mit seinem ‚Wachstumszwang' innewohnt. Wir Autoren empfehlen, alle mit ‚Wachstum' verbundenen Begriffe wie ‚grünes Wachstum' und ‚Wirtschaftswachstum' zu vermeiden. Das gilt auch für ‚qualitatives Wachstum', denn dieser Begriff suggeriert, dass ein ‚Wachstum' irgendwie immer noch möglich (oder gar sinnvoll) sei, s. auch S. 44 ‚(mehr) Mehrverbrauch, der' und S. 22 ‚grünes Wachstum, das'.

- **Steuerbeitrag, der** >> statt ‚Steuerlast'.

- **Süden, der globale** >> statt Entwicklungsländer. Letzterer Begriff ist diskriminierend. Ebenfalls nicht mehr zu verwenden ist der Begriff ‚Dritte Welt', der nach der Auflösung der Sowjetunion keinen Sinn mehr ergibt.

- **Tempobeschränkung, die** >> statt Tempolimit (↑ S. 30).

- **Tierindustrie, die** >> statt Massentierhaltung.

- **Tierproteine, die** >> zusammenfassend statt Fleisch, Kotelett, Steak, Milch, Wurst, Fisch etc. (↑ S. 37 ‚Omnivor:in, die:der').

- **Überfluss, der** >> statt Wohlstand (↑ S. 50 ‚Konsumismus, der').

- **Überlebenskrise der Menschheit, die** >> statt ‚Klimakrise'.

- **Verschwörungserzählungen, die | Verschwörungsmythen, die** >> statt Verschwörungs*theorie*/-theoretiker:innen – oder abwertend: ‚Schwurbler:innen-Storys'.

- **Wohlergehen, das** >> statt Wohlstand, Lebensstandard, Lebensstil etc. (↑ S. 42 ‚Gemeinwohl, das').

- **Zeitwohlstand und Wohlergehen** >> statt ‚(materieller) Wohlstand'.

- **Zufriedenheit, die | zufrieden** >> statt Glück | glücklich. Glück ist flüchtig und stets nur für einen kurzen Zeitraum möglich. Und doch wird in Umfragen regelmäßig nach dem Maß des Glücks gefragt. Viele Buchratgeber zielen auf das Glück ab. Wir Autoren gehen davon aus, dass Glück allein keinen Sinn ergibt[t] und dass ein ‚gutes Leben‘ ein Leben in Zufriedenheit meint, einem Zustand inneren Seelenfriedens.

- **zukunftsfähig** – Adjektiv >> statt ‚nachhaltig‘, welches meist im Sinne nachhaltiger *Entwicklung* verwendet wird.[u] Letzteres ist lediglich eine weitere Umschreibung von Wachstum. Der Begriff ‚zukunftsfähig‘ ersetzt auch das diffuse Adjektiv ‚enkeltauglich‘, der je nachdem, wie Menschen aktuell im Leben verortet sind, sehr unterschiedlich interpretiert wird. Zudem suggeriert ‚Enkeltauglichkeit‘, die Menschheit hätte noch Zeit. ‚Zukunftsfähig‘ wird von uns Autoren gemäß dem sog. ‚Sieben-Generationen-Prinzip‘[v] definiert: Zukunftsfähig ist nur, was den nächsten sieben Generationen nützt bzw. nicht schadet. Ergänzend vgl. auch: ‚planetenkonform‘ als Adjektiv (↑ S. 39 ‚terran‘). Dabei gilt: Nur ein ‚one planet thinking‘ ist zukunftsfähig. Der Ökonom Niko Paech spricht statt von ‚zukunftsfähig‘ auch von ‚überlebensfähig‘.[71]

- **Zukunftsfähigkeit, die** >> statt ‚Nachhaltigkeit‘ und ‚Enkeltauglichkeit‘. Hier gern auch den Begriff ‚Permanenz echten menschlichen Lebens‘ einbringen: ‚Permanenz‘ meint die dauerhafte Möglichkeit für viele Generationen von Menschen, ein gutes Leben zu führen; *Ökologischer Imperativ*. nach Hans Jonas, 1979. Anders ausgedrückt: Es geht um das dauerhafte Aufrechterhalten, die dauerhafte Aufrechterhaltbarkeit des menschlichen, tierischen und pflanzlichen Lebens auf diesem Planeten.

- **Zukunftsfähigkeitsvorbehalt, der** >> statt ‚Klimavorbehalt‘. Letzterer Begriff unterschlägt das sechste Massenaussterben und übersieht, dass wir Menschen eine vornehmlich *gesellschaftliche* Herausforderung zu bestehen haben. Dieser Vorbehalt ist bei der politischen Planung der Zukunft ein vetoartiges Instrument.

- **Zukunftsaktivist:in, die:der** >> statt ‚Klimaaktivist:in‘. Der Begriff schließt gesellschaftliche Herausforderungen sowie das sechste Massenaussterben ein, ist also umfassender.

- **Zuversicht, die | zuversichtlich** >> statt ‚Optimismus | optimistisch. Vgl. Parabel von den drei Fröschen, die in ein Topf Milch fallen. Daraus ergibt sich eine schöne Unterscheidung zwischen Pessimismus, Optimismus und Zuversicht: Die:der Optimist:in macht nichts, weil sie:er glaubt gerettet zu werden. Die:Der Pessimist:in legt ‚die Hände in den Schoß‘, weil sie:er eine Rettung als zu unwahrscheinlich ansieht. Die:Der Zuversichtliche denkt, es bleibt ihm in ihrer:seiner bedrängten Situation nichts anderes, als aktiv zu werden und zumindest mit Chance ihre:seine Lage zu verbessern.[72] (↑ S. 38 zum Begriff ‚Possibilist:in, die:der | Possibilismus, der‘).

---

[t] Vgl. Buch und Buchtitel *Glück allein macht keinen Sinn* von Emily Esfahani Smith aus dem Jahr 2018.

[u] Der Brundtland-Bericht von 1987 definiert ‚nachhaltige Entwicklung‘ wie folgt: „Nachhaltig ist eine Entwicklung, ‚die den Bedürfnissen der heutigen Generation entspricht, ohne die Möglichkeiten künftiger Generationen zu gefährden, ihre eigenen Bedürfnisse zu befriedigen und ihren Lebensstil zu wählen‘.“ (↑ S. 55).

[v] Vgl. auch das den Irokesen zugeschriebene ‚Sieben-Generationen-Prinzip‘. In deren Verfassung (*Constitution* o. J.) lässt sich dieses Prinzip allerdings nicht finden. Dort ist nur von einer Verantwortung für mehrere Generationen die Rede.

4.4 Zu vermeidendes Wording (Top 25)

Nachfolgend nochmals explizit zusammengefasst als Top 25: zu meidende, inhaltsleere, verbrauchte, verwässerte, beliebig gewordene Containerbegriffe, Worthülsen bzw. Reizbegriffe – von den Autoren subjektiv gemäß der Dringlichkeit des Vermeidens sortiert:

1. **Wachstum, grünes Wachstum, Wirtschaftswachstum.** Auch ‚qualitatives Wachstum‘ meiden, denn es suggeriert, dass BIP-Wachstum irgendwie weiterhin immer noch möglich sei >> lieber von der Steigerungslogik oder ‚(mehr) Mehrverbrauch‘ sprechen.

2. **Nachhaltigkeit, nachhaltig** >> besser von Zukunftsfähigkeit/zukunftsfähig sprechen.

3. **Sozialverträglichkeit, sozialverträglich** >> lieber hervorheben: Generationen- und Klimagerechtigkeit.

4. **Klimaschutz** >> Wir Menschen haben nicht das Klima zu schützen, sondern uns selbst sowie Tiere und Pflanzen; vgl. Brandschutz, Wasserschutz, Infektionsschutz: Hier geht es stets darum, *vor* etwas zu schützen. Im Englischen ist ‚climate protection‘ ebenfalls nicht gebräuchlich, sondern eher ‚climate action‘ oder ‚climate change mitigation‘.

5. **Klimaneutralität** >> lieber: Null-Emissionen, Emissionsfreiheit, emissionsfrei.

6. **Ökodiktatur** >> meiden, jedoch ggf. vom Gegenüber aufgreifen und Folgendes herausstellen: Die Ökodiktatur kommt vielmehr dann, wenn wir Menschen *nicht* handeln. Alternativ folgende Bedeutung nutzen: Ökodiktatur = eine Diktatur der Ökonomie, also Zustand jetzt. Oder: Ökodiktatur = die Diktatur der Gegenwart über die Zukunft.[73]

7. **Sozial-ökologische Transformation (SÖT)** >> Durch die Hervorhebung von zwei Bereichen wird tendenziell ein Keil zwischen die (Vertreter:innen der) beiden Aspekte getrieben: Wir Autoren bevorzugen daher den vereinenden Begriff ‚(gesamt)gesellschaftliche Transformation‘.

8. **Verbote, verboten, verbieten** >> besser: Leitplanken, ordnungsrecht(lich), regulieren, beschränken, limitieren, deckeln.

9. **Überbevölkerung, Bevölkerungsexplosion** >> lieber weniger wertend von (der Entwicklung der) ‚Weltbevölkerung‘ sprechen.[w]

10. **Dritte Welt, Entwicklungsländer** >> besser: (Menschen im) globalen Süden.

11. **Wirtschaft, Wirtschaftskraft, Wirtschaftsordnung, die Wirtschaftsweisen** >> bevorzugt ‚Ökonomie‘ bzw. ‚ökonomisch‘ verwenden.

12. **Arbeitsplatz, Job** >> lieber: Beschäftigungsverhältnis, Beschäftigung, Aufgabe.

13. **Freiheit (im Sinne von ‚Rücksichtslosigkeit‘)** >> besser von vergänglichen Privilegien und Gewohnheitsrechten (als Illusionen) sprechen.

---

[w] Die Zunahme der Weltbevölkerung flacht gemäß UN-Prognosen derzeit jährlich immer weiter ab, bis sie im Jahre 2100 – vorbehaltlich zwischenzeitlich auftretender Katastrophen – auf dem Niveau von etwa 10 bis 11 Milliarden Menschen verharrt (vgl. Rosling 2018, 106). Hier kann man also nicht von einer ‚Explosion‘ sprechen. Inwieweit 10 bis 11 Mrd. Menschen auf der Erde leben können, ist nach Ansicht der Autoren vor allem eine Frage der Klima- und Generationengerechtigkeit, vgl. klimagerechtigkeit.handbuch-klimakrise.de.

14. **Problem** >> Herausforderung.

15. **Kapitalismus, Sozialismus, Kommunismus, Planwirtschaft** >> äußerst unscharfe Begriffe, die oft emotionale Gegenreaktionen hervorrufen.

16. **Innovation** >> nicht jede Innovation ist Fortschritt.

17. **Verkehr** >> besser: Mobilität.

18. **(Klima-)Flüchtlinge** >> lieber: (Klima-)Geflüchtete/(Klima-)Flüchtende.

19. **Energiearmut** >> besser: Energieknappheit. Uns stehen energieknappe Zeiten bevor.

20. **sozial Schwächere** >> lieber: ‚ökonomisch Schwächere'. Der erstgenannte Begriff entpuppt sich bei näherem Hinsehen als gemein, daher halten wir Autoren dazu Folgendes fest: Nur weil jemand ökonomisch stark verortet ist, ist sie:er noch lange nicht sozial.

21. **Enkeltauglichkeit, enkeltauglich** >> lieber betonen, dass *jetzt* ‚die Hütte brennt'. Es geht *jetzt* um unsere Lebensgrundlagen – auch um unsere eigenen. Und: Je nachdem, wo die Menschen gerade in ihrem Leben stehen, ergibt sich eine sehr unterschiedlich gefühlte Dramatik der Situation. Für manche sind Enkel:innen (gefühlt) weit weg, andere Kindeskinder sind vielleicht schon 40 Jahre alt.

22. **bezahlbar** >> lieber hervorheben, dass die Natur nicht mit sich verhandeln lässt und wir Menschen uns entweder anpassen müssen oder weichen werden: Hinsichtlich der multiplen Krise der Mitwelt ist die Diskussion darüber, ob ihre Abmilderung finanzierbar ist, schlicht zynisch. Das ‚Bezahlbar-Argument' wird häufig als (implizites) Argument für die Fortführung von naturzerstörenden Subventionen verwendet.

23. **Übergangstechnologie, Brückentechnologie** >> Für so etwas haben wir Menschen weder genügend Zeit noch Energie noch Ressourcen.

24. **Nachhaltige Entwicklung** >> ist lediglich eine weitere Umschreibung von Wachstum. Der Begriff beruht auf dem Gedankengebäude der Brundtland-Kommission aus dem Jahr 1987.[74] Hier wurde rund 15 Jahre nach dem Erscheinen des 1972er-Berichts *Grenzen des Wachstums* des Club of Rome weiteres Wachstum als selbstverständlich angesehen.

25. **Markt, der | Märkte, die** >> ein sagenumwobenes Wesen, das nicht gereizt werden darf, das immer recht hat und dem ggf. Opfer gebracht werden müssen. So gab es im Jahr 2022 in Europa über 100.000 Hitzetote[75] (die keinen Skandal wert sind). Der Begriff ‚Markt' verschleiert, dass er für eine absolut antisoziale Ordnung steht: Werden von einem Lebensmittel in einem Jahr kleinere Mengen angeboten, steigt der Preis. Dies führt in kaufkraftschwachen Staaten, die von Lebensmittelimporten abhängen, zu Hungerkrisen.

Zwei Hinweise:

- Vermischen Sie die Armen hierzulande bitte niemals argumentativ in einem Satz mit den Armen des globalen Südens.

- Vermeiden Sie bitte Formulierungen mit ‚nicht', ‚kein', ‚Un-/un-' oder ‚Anti-/anti-', da der *Hauptbegriff* das Framing startet (↑ S. 20).

5. Proaktives Wording in der Praxis

Nachfolgend listen wir Autoren stichpunktartig eine Reihe von hilfreichen Fakten und Argumentationen auf, unterteilt in folgende Abschnitte:

- 5.1 Konkretes Wording zur Argumentation in Diskussionen

- 5.2 Wichtige Aspekte, auf die man systematisch aufmerksam machen soll

- 5.3 Argumentation mittels eingängiger Vergleiche

- 5.4 Wording/Framing, wo man einhaken soll

5.1 Konkretes Wording zur Argumentation in Diskussionen

Manche Sätze und Argumentationsketten sind in Diskussionen immer wieder nützlich. Es folgt eine Aufstellung in loser Folge:

- „Es ist eine globale ökologische Katastrophe, bestehend aus dem sechsten Massenaussterben und der Klimakatastrophe sowie weltweiten sozialen Verwerfungen."

- „Die Reduzierung unserer Gesellschaftskrise auf die ‚Klimakrise' ist Unsinn und vor allem viel zu klein gedacht. Wir reden hier über eine Überlebenskrise der Menschheit."

- „Wir müssen von drei Erden runter" – „Umgangssprachlich ausgedrückt: Wir müssen auf $^1/_3$ des bisherigen Konsums runter – und zwar vor allem diejenigen von uns, die besonders viel und besonders CO_2-intensiv konsumieren, also die Vermögenden/Reichen."

- „[…] unter der Voraussetzung, dass wir die Zivilisation / unsere Lebensgrundlagen erhalten/bewahren wollen." Diesen Zusatz setzen wir Autoren mittlerweile regelmäßig hinter unsere Aussagen. Das ist sehr wirkungsvoll, denn wer möchte schon im Gespräch zugeben, dass ihr:ihm milliardenfaches Leid ‚schnuppe' ist.

- „Das Geld (für die gesamtgesellschaftliche Transformation) hat von den reichen Mitbürger:innen zu kommen – die ihren Reichtum i. d. R. CO_2-intensiv erwirtschaftet und von globaler Ungerechtigkeit profitiert haben."

- „Wir können uns die Reichen *auch* aufgrund ihrer CO_2-intensiven Lebensgewohnheiten nicht mehr leisten."

- „Niemand darf sich (aus den ökologischen Grenzen) herauskaufen dürfen."

- „Die Ökodiktatur kommt, wenn wir nicht handeln und weiter so machen wie bisher und auf diese Weise die ökologischen Belastungsgrenzen sprengen."

- Wir leben in einer „Diktatur der Gegenwart auf Kosten der Zukunft." (Welzer 2016, 131)

- „Backcasting bedeutet, die Sache vom Ziel her zu denken, dann verbindliche Schritte festzulegen und der Zielerreichung höchste Priorität einzuräumen Bei neuen wissenschaftlichen Erkenntnissen ist ggf. eine Zielanpassung erforderlich."

- „Alle Maßnahmen, Gesetze etc. sind unter ‚Zukunftsfähigkeitsvorbehalt' zu stellen." (nicht: ‚Klimavorbehalt', ↑ S. 53)

- „Wir leben in einer begrenzten Welt (in der wir nur das verteilen können, was da ist)."

- „Wir leben in einer vollen Welt." >> Daher sind die Herausforderungen nicht mehr mit den Ideen und Mitteln der leeren Welt zu bewältigen (↑ S. 40 ‚volle Welt, die | leere Welt, die').

- „Wie wollen wir zusammen und gemeinsam leben in einer begrenzten Welt?"

- „Unsere Ressourcen sind begrenzt, unsere Energie ist begrenzt, unsere Möglichkeiten, zu verschmutzen, haben wir ausgeschöpft, wir beuten nicht nur Menschen in unserer eigenen Gesellschaft aus, sondern vor allem und systematisch die Menschen des globalen Südens, und wir beuten diejenigen Menschen aus, die noch nicht geboren sind." (↑ S. 41 ‚Ausbeutung, die vieldimensionale').

- „Es ist an der Zeit, unsere angehäuften Wohlstandsschulden zu begleichen sowie die Länder und Menschen des globalen Südens massiv zu unterstützen."

- „Globale Null-Emissionen bedeutet auch, dass künftig Kriege nicht mehr möglich sind – und allein daran zeigt sich, wie groß diese größte aller Menschheitsherausforderungen ist." >> In einer Null-Emissionen-Welt kann es keine physische Zerstörung durch Kriege geben, vgl. dazu bspw. die Lebensweltzerstörung in den Wäldern und Städten der Ukraine: Es gibt in der begrenzten Welt keine CO_2-Budgets für den Bau bzw. Einsatz von Waffen sowie keine Ressourcen für den Wiederaufbau von Gebäuden etc.

- „Krieg basiert auf dem Konstrukt der Ressourcenunendlichkeit."

- „Nur Limits beenden den Exzess." (Michael Kopatz 2019, 15)

- „Ohne Veränderung gibt es keine Veränderung." – oder, etwas ausführlicher: „Ich kann freilich nicht sagen, ob es besser werden wird, wenn es anders wird; aber so viel kann ich sagen: Es muss anders werden, wenn es gut werden soll" (Georg Christoph Lichtenberg) oder „Wer will, dass die Welt so bleibt, wie sie ist, der will nicht, dass sie bleibt" (Erich Fried) oder „Eine neue Art von Denken ist notwendig, wenn die Menschheit weiterleben will" (Albert Einstein).[76]

- „Emissionsfreiheit ist die Freiheit, die wir brauchen."

- „Alles, was gegen die Natur ist, hat auf die Dauer keinen Bestand." (Charles Darwin)[77]

- „Menschen sind Beziehungswesen. Es geht ums Wohlergehen und nicht um Wohlstand."

- „Wir Menschen möchten ‚gesehen' werden. Wir suchen nach ‚Resonanz'." (vgl. Hartmut Rosa 2016)

- „Die Zeit der kleinen Schritte ist vorbei.“

- Viele Menschen verbleiben (derzeit noch) in der „gesellschaftlichen Komfortzone des ‚Weiter so‘“.

- „Wir können die globale Umweltkrise/Krise der Mitwelt nur noch abmildern, jedoch nicht mehr beseitigen.“

- „Jedes Zehntel Grad zählt.“ (*Hamburger Zukunftsmanifest, 2020*)

- „Jetzt, sofort & heute!“ (*Hamburger Zukunftsmanifest* 2020)

- „Wir haben die (über die Menschenrechte zu gewährleistenden) Grundbedürfnisse nach sauberer Luft, sauberem Wasser, guten Lebensmitteln, einem Dach über dem Kopf und sozialer Sicherheit in den Fokus zu nehmen. Mehr wird mutmaßlich gar nicht erreichbar sein. Anders ausgedrückt: Wir fordern nur die Durchsetzung der grundlegenden Menschenrechte. Das ist das Ziel des 21. Jahrhunderts.“

- „Unser Wohlergehen ist von der Stabilität des Planeten abhängig.“

- „Es geht längst nicht mehr um Wohlstand. Es geht um die Bewahrung menschenrechtskonformer/menschenrechtlicher Lebensbedingungen für unsere Kinder und Nachfahren.“

- „Ziele sind keine Handlungen.“

- „Es ist genau umgekehrt.“ | „Es ist genau andersherum.“ | „Das Gegenteil ist richtig.“ (Diese Sätze sind eine Ermutigung, die eigene ökologische Weltsicht als Kontrapunkt zum Gesagten darzulegen.)

- „Wir möchten/wollen/müssen ein gemeinsames Problemverständnis entwickeln.“

- „Wir brauchen einen Neustart im laufenden Betrieb.“

- „Die Erde ist eine ‚wunderbare Oase inmitten unbelebter Sterne, in der das Leben herrlich ist: ein wahres Wunder eben‘.“ (So der französische Ökologe Pierre Rabhi in *Tomorrow*, Film-Doku von Laurent/Dion 2016)

- „Mit Konjunktiven kommt man nicht weiter.“ (Welzer 2021b, 265)

- „Nichts-tun/‚Weiter so‘ ist (nichts anderes als) Ökozid.“

- „Kreuzfahrten sind der ökologische Doppelschlag.“ (Stichwort: ‚Zubringerflüge‘, vgl. kreuzfahrten.handbuch-klimakrise.de)

- „Was würden Sie machen, wenn Sie 20 wären? Sich mit einem Lächeln aufs Schafott legen (lassen)?“

- „Was ist radikal? Veränderungen einzuleiten, damit die Zivilisation erhalten bleibt? Ist es nicht vielmehr radikal, so weiterzumachen wie bisher und damit unsere Nachfahren ins Chaos zu stürzen? Was würden Sie als radikal empfinden, wenn Sie jetzt 20 Jahre alt wären?“

- „Radikal ist, die Sache zu verharmlosen und sie auf Kosten unserer Kinder und Enkel:innen politisch aussitzen zu wollen." – oder, noch einfacher: „Radikal ist, so weiterzumachen wie bisher."

- „Wir müssen Angst haben vor den Konservativen, nicht vor Veränderung."

- „Die Idee, dass in einer begrenzten Welt ein steter ‚materieller Mehrverbrauch' möglich sei, ist eine kollektive Lebenslüge, die uns in den Zivilisationsabsturz führt."

- „Es gibt zurzeit keinen ‚Klimaschutz'. Wir bringen von Jahr zu Jahr mehr CO_2, Methan und Lachgas in die Atmosphäre." – „Wir steigern immer noch die Treibhausgasemissionen, anstatt sie zu reduzieren."

- „‚Weiter so' zerstört uns. Gesamtgesellschaftliche Transformation ist Lebensbejahung/ lebensbejahend."

- „Wir müssen uns selbst schützen, nicht das Klima. Es geht um Menschenschutz."

- „Gesunde Menschen gibt es nur auf einem gesunden Planeten." (Eckart von Hirschhausen)[78]

- „Die Natur hat immer Recht." (Pierre Ibisch, *Ökohumanismus in zehn Thesen*, 2021)

- „Bei einem ‚Weiter so' droht absehbar der Zivilisationsabsturz, der unermessliches Leid über die Welt bringen wird sowie für uns und unsere Nachfahren lebensverkürzend sein wird."

- „*Wir* sind es, denen unermessliches Leid droht – betroffen sind nicht erst unsere Kinder oder Enkel:innen". Absehbar ist, dass zunehmende Konflikte nicht vor den Mauern Europas Halt machen – die Versorgungssicherheit ist gefährdet und damit potenziell auch die medizinische Versorgung. Unter solchen Umständen sowie durch die Zunahme von Katastrophen durch Extremwetter etc. ist mit einem Sinken der Lebenserwartung zu rechnen. Anmerkung: In den USA, wo die Menschen – pointiert ausgedrückt – eine Art ‚Überdosis Neoliberalismus' erlitten haben, ist die Lebenserwartung in den Jahren 2019 und 2020 massiv gesunken, was längst nicht nur mit den Folgen von Covid-19 zu erklären ist.[79]

- „‚(Armin Laschets) Malle für alle' ist weltfremd."[80]

- „‚Anreize setzen' als alleinige Strategie ist eine Ausrede."

- „Niemand geht an fossile Subventionen ran."

- „Jede Subvention, die heute in die falsche Richtung fließt, richtet dreifachen Schaden an: Das Geld festigt den Status quo, fehlt zur Gestaltung der Zukunft und richtet eine später *zusätzlich* zu bezahlende Klima- und Naturzerstörung an."

- „Die Wahrheit ist immer zumutbar, oder? Die Wahrheit muss zumutbar sein."[81] >> als Reaktion auf einen Satz wie „Sie machen den Bürger:innen Angst."

- „Angst? Die Angst ist gerechtfertigt. Jeden Tag ist größere Angst gerechtfertigt. Wenn Sie zur:zum Ärztin:Arzt gehen, sind Sie froh/erleichtert, wenn sie:er eine klare Diagnose stellt. Dann kann man damit arbeiten. Mit einer Nicht-Diagnose ist man passiv in Wartestellung. Nichts ist schlimmer als Ungewissheit."

- „Warum fürchten sich Proaktive so davor, dass Menschen Angst bekommen? Ist es nicht vielmehr unfair, Letztere da (in die Katastrophe) reinlaufen zu lassen, ohne dass sie angemessen gewarnt worden wären und sich mittels klarer Informationen hätten anders entscheiden können?"

- „Viele Klimaszenarien basieren auf einer ‚50-Prozent-Wahrscheinlichkeit': Würden Sie in ein Flugzeug steigen, dass mit einer ‚50-Prozent-Wahrscheinlichkeit' abstürzt?"
  Viele Klimakrisenszenarien sind mit einer Eintrittswahrscheinlichkeit von 50 % gerechnet, d. h., es gibt eine 50/50-Chance, dass die angenommene Temperatursteigerung überschritten wird, was zu katastrophalen Folgen für die Menschheit führen würde. Es ist erstaunlich, wie gelassen viele Menschen angesichts dieser ‚Münzwurf-Wahrscheinlichkeit' für das potenzielle Überleben der Menschheit bleiben.

- „Vertrag zwischen Kapital und Arbeit (Gewerkschaften) zu Lasten Dritter (der Natur/ Lebenswelt/Mitwelt)" = Beschreibung für die Ergebnisse der ‚Kohlekommission'.

- „Wir brauchen eine gesellschaftliche Transformation, bei der nicht das Geld, sondern der Mensch im Mittelpunkt/Zentrum steht."

- „Sie tun so, als ob die derzeitige Ausformung des Kapitalismus funktionieren würde / das bestmögliche System sei. Und verneinen damit die Möglichkeit einer Alternative. Festzuhalten ist: Die derzeitige Ausformung des Kapitalismus ist weltvernichtend, d. h. sie funktioniert *nicht*. Wir müssen das System verändern. Und: Papst Franziskus hat 2013 treffend bemerkt: ‚Diese Wirtschaft tötet'."

- „Die Lebensgrundlagen (jüngerer bzw.) künftiger Generationen zu vernichten, steht uns (den Babyboomer:innen) nicht zu."

- Frage aufwerfen: „Ist es christlich, die Schöpfung um des Mammons willen zu zerstören?" – „Hauptsache, die Wirtschaft brummt?" (↑ S. 67) – im Ernst?

- „Eine Drei-Grad-Demokratie wird es nicht geben." – Ein polemischer Satz, der ggf. zu präzisieren ist, denn *jedes* weitere 10tel-Grad mehr Durchschnittstemperatur ist hochgradig demokratiebedrohend/gefährdend.

- „Jeder Krieg in einer vollen Welt, einer begrenzten und ökologisch massiv angeschlagenen Welt, ist ein Krieg gegen alle Menschen und in diesem Sinne ein Weltkrieg. Jeder Krieg ist heutzutage Ökozid."

5.2 Wichtige Aspekte, auf die man systematisch aufmerksam machen soll

Gesichtspunkte, auf die, wo immer möglich, hingewiesen werden soll, in loser Folge:

- Wer nur von der ‚Klimakrise‘ spricht, hat bereits die genauso große Krise des sechsten Massenaussterbens unterschlagen. Wir haben es mit einer multiplen Krise zu tun – und es reicht nicht, sich nur um das Klima zu kümmern. Wir befinden uns in einer umfassenden Gesellschaftskrise, d. h. konkret: Unsere Art, zu leben, ist mit den naturgesetzlichen planetaren Belastungsgrenzen nicht vereinbar. Daher bedarf es einer alles umwälzenden (gesamt)gesellschaftlichen Transformation.

- Die derzeitige Politik ist nicht mit den Naturgesetzen kompatibel. Hier ist mittlerweile von einem ‚chronischen Versagen‘ zu sprechen.

- Journalismus braucht Klartext: In vielen Redaktionen wird die multiple Krise der Mitwelt weiterhin als „ein Thema unter vielen behandelt, dabei ist ihr Ausmaß mittlerweile so groß, dass sie überall [– in jedem Ressort –] mitgedacht werden muss" – wie Sara Schurmann es ausdrückt.[82]

- Ein ‚Weiter so‘ führt ins Aus. | Ein ‚Weiter so‘ führt auf jeden Fall in den Abgrund.

- Alles könnte anders sein.

- Man kann nicht nicht handeln.[x]

- Wer nichts macht, hilft denjenigen, die für ein ‚Weiter so‘ stehen – und beschleunigt den Zivilisationsabsturz.

> **Was Deutschland macht, hat global großes Gewicht.**
>
> **Deutschland** stellt 1,1 % der Weltbevölkerung, verursacht mit 2,1 % Emissionsanteil das Doppelte dessen, was Deutschland ‚zusteht‘, belegt mit seinen rund 84 Mio. Einwohner:innen (vgl. *Destatis* 2022) **Rang 6** der energiebedingten CO_2-Top-Emittent:innen. Die Klimakrise ist eine Folge der Industrialisierung, sodass Deutschland hinsichtlich der energiebedingten CO_2-Emissionen *aufsummiert*, nach den USA, China und Russland, auf **Rang 4** liegt. Der G7-Staat Deutschland ist bezogen auf das Bruttoinlandsprodukt (BIP) – nach den USA, China und Japan – die weltweit **viertgrößte Wirtschaftsnation.**
>
> **Zusammengefasst:**
> Die Bundesrepublik Deutschland ist eine der globalen Hauptemittentinnen von Treibhausgasen, eine der Hauptnutznießerinnen der Industrialisierung und trägt als eine der größten und damit auch als eine der einflussreichsten Wirtschaftsnationen eine sehr hohe Verantwortung.
>
> >> vgl. global.handbuch-klimakrise.de

- Was hinsichtlich des Konsums nicht global verallgemeinerbar/skalierbar ist, ist kein Ansatz und keine Lösung. Dies folgt aus der Grundannahme der globalen Klimagerechtigkeit (↑ S. 43).

- Was hinsichtlich der Produktion nicht global skalierbar ist, ist kein Ansatz und keine Lösung.

- Was technologisch derzeit nicht ausgereift oder noch nicht im Industriemaßstab genutzt werden kann, kann auch nicht in Maßnahmenkataloge eingehen.

- Es gibt kein Recht auf den Besitz eines eigenen Pkw. Es gibt vielmehr ein Recht auf soziale Teilhabe und damit auch ein Recht auf grundlegende Mobilität.

---

[x] Übertragen von Watzlawick et al. (2007): „Man kann nicht nicht kommunizieren."

- Gewohnheitsrechte sind (ärgerliche) Illusionen.

- Geld ist Zeit. Geld ist *arbeitend verbrachte* Lebenszeit. (Anmerkung: sofern man nicht von Zinsen/Erbschaften o. Ä. lebt.) Jeder Mensch hat eine begrenzte, nicht genau bekannte Lebenszeit. Setzt er seine Zeit für Erwerbsarbeit ein, stellt er Geld her – um sich dann Lebensmittel und andere Dinge zu kaufen. Wir Menschen haben uns dessen bewusst zu sein, dass wir einen Teil unserer *Lebenszeit* bspw. in einen Hometrainer stecken, der originalverpackt im Keller verstaubt.
  Auf Ivan Illich geht die Idee zurück, in die Durchschnittsgeschwindigkeit, die man mit seinem eigenen Pkw erreicht (errechnet aus zurückgelegter Strecke und Zeit am Steuer) zusätzlich die Arbeitszeit aufzunehmen, die man benötigt, um für die Anschaffung und den Unterhalt des PKW aufkommen zu können. Eine Beispielrechnung kommt hier auf eine Durchschnittsgeschwindigkeit von 26 km/h, was sportlichem Radfahren entspricht.[83] Bei Berücksichtigung der Kosten, die durch Umweltschädigung entstehen, würde die Durchschnittsgeschwindigkeit noch niedriger ausfallen.
  Michael Ende hat bereits 1973 in *Momo* perfekt beschrieben, dass die Formel ‚Zeit ist Geld' zutiefst unmenschlich ist und vielmehr gilt: „Denn Zeit ist Leben. Und das Leben wohnt im Herzen."[84] Wir Autoren empfehlen Ihnen explizit, diese als Kinderbuch getarnte ‚Kapitalismuskritik' einmal zu lesen.

- Ökonomie ist ein Subsystem der Biosphäre. Ökonomie braucht Ressourcen, Ökonomie braucht Energie, Ökonomie braucht eine funktionierende Mitwelt. Ökonomie kann nur innerhalb dieses Rahmens funktionieren.

- Die Ökonomie versorgt den Menschen. Ökonomie dient allen Menschen. Ökonomie hat die Aufgabe, den Menschen zu dienen, der Menschheit ein gutes Leben zu ermöglichen. Ökonomie ist ein Werkzeug, um die Grundbedürfnisse zu erfüllen und die naturgesetzlichen planetaren Belastungsgrenzen einzuhalten. Ökonomie ist kein Selbstzweck.

- „Entfaltungshilfe ist es, nicht Bildung, was wir brauchen." (Pierre Ibisch 2021, *Ökohumanismus in zehn Thesen*)

- Wir berufen uns auf die unverbrüchlichen Menschenrechte, die nur auf Basis globaler Klimagerechtigkeit eingehalten werden können.

- Wir berufen uns auf das Grundgesetz (Artikel 20a) und den Beschluss des Bundesverfassungsgerichts von 2021, der unmissverständlich hervorhebt, dass die Freiheit künftiger Generationen durch den heutigen Verbrauch nicht unverhältnismäßig beschränkt werden darf.

- Wir betonen die Menschenwürde.

- Konventionelles Fleisch macht krank, z. B. durch Antibiotikaresistenz. Die Bürger:innen in Deutschland verzehren statistisch gesehen durchschnittlich zwei- bis viermal so viel Fleisch (60 kg pro Jahr) wie ärztlich empfohlen (16 bis 31 kg pro Jahr)[85]. Rotes Fleisch wie von Rind, Schwein, Schaf, Pferd und Ziege hat die zweithöchste Krebswarnstufe der

UNO („wahrscheinlich krebserregend") und verarbeitete Fleischwaren wie Wurst von allen Tierarten haben die höchste Krebswarnstufe der UNO („krebserregend"). Was bleibt übrig? *Wenig* Fleisch aus *biologischer* Haltung von *Geflügel*.[86]

- Mit kleinen Schritten ist es nicht getan. Reformen reichen nicht.

- Wer von Reformen spricht bzw. auf dem Änderungsniveau von Reformen denkt, kommt i. d. R. zu dem Schluss, dass das ‚alles nicht geht'. (Gesamtgesellschaftliche) Transformation hingegen meint, dass wir Bürger:innen das komplexe ökologisch-gesellschaftlich-politische System auf vielen Ebenen parallel massiv verändern.

  - Reform = wenige Schrauben werden nachgestellt.

  - Transformation = viele Schrauben werden nachgestellt, verstellt, ausgetauscht, an neuen Stellen installiert, weggelassen.

- Der Preis, den wir Bürger:innen für die Aufrechterhaltung des bisherigen Systems zahlen, ist schon immer hoch gewesen – und aktuell lautet der Preis des ‚Weiter so', dass wir Milliarden Menschen ins Verderben schicken. Der Klimatologe Hans Joachim Schellnhuber fasst dies 2021 in folgende Worte: „Ich sage Ihnen, dass wir unsere Kinder in einen globalen Schulbus hineinschieben, der mit 98 % Wahrscheinlichkeit tödlich verunglückt."[87]

- Eine vom System verursachte Krise / ein im System liegendes Problem erfordert eine systemverändernde Lösung / einen Eingriff ins komplexe Gesamtsystem.

- Ein Etappensieg wird nichts wert sein in der sich erhitzenden Welt. Zweite Sieger gibt es bei diesem Endspiel um die Menschheit nicht.

5.3 Argumentation mittels eingängiger Vergleiche

Hilfreiche Zitate, um bildhaft und leicht nachvollziehbar in Form von Vergleichen argumentieren zu können, in loser Folge:

- „3.800 Tonnen Eis gehen pro Sekunde verloren [beim Eisschild auf Grönland]." – „Das sind ungefähr 150 Tanklaster […]. [S]tellen Sie sich vor, Sie würden pro Sekunde 150 solcher Laster auf der Autobahn überholen." (Josef Zens 2018, Geowissenschaftler)[88]

- „Für jede Tonne CO_2, die irgendwo auf der Erde freigesetzt wird, etwa durch das Triebwerk eines Jets, verschwinden weitere drei Quadratmeter sommerliches Eis [= sommerliche Meereisbedeckung] in der Arktis." (Dirk Notz, Klimaforscher, 2016)

- Wir Menschen feuern uns mit Kohle, Gas und Öl sozusagen ins Dinosaurierzeitalter zurück. Konkret verfeuert die Menschheit derzeit jedes Jahr – Jahr für Jahr – so viel Erdöl, Kohle und Gas, wie „sich zur Zeit der Entstehung […] in rund einer Million Jahre gebildet ha[ben]." (Stefan Rahmstorf u. Hans Joachim Schellnhuber, Klimaforscher, 2018, 34)

- „Die unbezahlte Arbeit der Frauen ist eine *Quersubventionierung* der Privatwirtschaft."
  (Elisabeth Raether, Journalistin, 2020)

- „Um unsere Wurzeln zu finden, sollten wir vielleicht dort suchen, wo Wurzeln gewöhnlich zu finden sind." (Ursula K. Le Guin, Autorin, 2020, 36)

- „Wer hat dem Nationalökonomen Adam Smith sein Essen gekocht?"
  (Georg Diez, Kolumnist, 2018)

- „Auf einem Dampfer, der in die falsche Richtung fährt, kann man nicht sehr weit in die richtige Richtung gehen." (Michael Ende, Schriftsteller, 1994, 276)

- „Unsere Ernährung umzustellen wird nicht ausreichen, um die Erde zu retten, aber wir können sie nicht retten, ohne uns anders zu ernähren." (Jonathan Safran Foer, Autor, 2019, 100)

- Die „4F" meiden: *Fliegen, Fleisch, Finanzen und Fummel.* (Maja Göpel, Transformationsforscherin, 2020b) – Mit ‚Finanzen' ist die Vermeidung traditioneller Banken/Anlageformen gemeint. Fummel = per Ausbeutung produzierte ‚Einwegklamotten'.

- „Fleischessen und Urlaubsflüge haben […] nichts mehr mit persönlicher Freiheit zu tun. Wir dürfen nicht die Freiheit haben, die Welt zu ruinieren, Millionen Menschen verhungern zu lassen und 21 Hühner pro Quadratmeter zu halten." (Hagen Rether, Kabarettist, zit. in Bonner/Weiss 2017, 297, s. auch S. 30)

- „Ich habe neulich in der New York Times gelesen, die haben eine Studie rausgebracht, es gibt in deutschen DAX-Vorständen mehr Männer, die Thomas heißen, als Frauen."
  (Hagen Rether, Kabarettist, 2018)

- „Es ist schwierig jemand dazu zu bringen, etwas zu verstehen, wenn sein Gehalt davon abhängig ist, es eben nicht zu verstehen." (Upton Sinclair, Schriftsteller, 1935)

Weitere Vorschläge für ‚eingängige Vergleiche' bzw. Wortbilder:

- Es ist wie mit Schulden: Wir Menschen haben uns bei der Welt verschuldet. Und nun machen wir die Augen zu und wissen doch, dass wir in unserem Haus (die Welt) nur bleiben können, wenn wir die Schulden zurückzahlen: Wir verharren jedoch statisch, wie der Affe, der die Kokosnuss nicht loslässt, obwohl er sie nicht durch die Gitterstäbe hereinholen kann.

- Demokratie heißt Teilhabe. Wer sich als Bürger:in aus dem demokratischen Prozess herauszieht, überlässt anderen das Feld.

- Wo andere schicke Autos oder ein ‚Traumhaus‘ sehen, sehen wir, die Autoren dieser Handreichung, in erster Linie Ressourcen und Energie. Unser Vorschlag: Schauen Sie sich einmal drei Minuten in Ruhe den Raum bzw. die Umgebung an, wo Sie gerade sitzen – und deuten Sie, was Sie sehen in Energie und Ressourcen um. Dann wird Ihnen sonnenklar, dass unsere Lebensweise dauerhaft so nicht funktionieren kann.

- Gewohnheitsrechte sind keine Rechte, sondern lediglich schleichend ausgedehnte und schließlich beanspruchte, meist grenzüberschreitende und in diesem Sinne schlechte Angewohnheiten. Daher ist es oftmals wie folgt: „Für Menschen, die sehr privilegiert sind, […] fühlt sich Gerechtigkeit an, als würde einem was weggenommen.“ (Gerhard Reese, Sozialpsychologe, 2020)[89]

- Die Natur hat die ökologische Pistole an die Schläfe der Menschheit gesetzt.

5.4 Wording/Framing, bei dem man einhaken soll

Wording/Framing, das in Gesprächen situationsabhängig ggf. attackiert werden bzw. bei dem man wachsam sein soll, in loser Folge:

- Die völkerrechtlich verbindliche Vereinbarung von Paris 2015 lautet: ‚Temperaturanstieg auf deutlich unter 2 Grad und möglichst auf 1,5 Grad begrenzen.‘ Doch tatsächlich sprechen viele Politiker:innen, Journalist:innen und sogar auch Expert:innen diesbezüglich vom „2-Grad-Ziel“. Hierzu ist Folgendes festzuhalten: Das existiert nicht. Diese Verkürzung von ‚Paris‘ ist unzulässig, da hinter „deutlich unter 2 Grad“ wesentlich stärkere Erfordernisse stehen als hinter der genannten verwässerten Aussage. Wir Autoren regen an, hier jedes Mal einzuhaken und das Gegenüber entsprechend zu korrigieren.

> **Wortlaut des Pariser Abkommens**
>
> „1. Dieses Übereinkommen zielt darauf ab, [dass] […] der Anstieg der durchschnittlichen Erdtemperatur deutlich unter 2 °C über dem vorindustriellen Niveau gehalten wird und Anstrengungen unternommen werden, um den Temperaturanstieg auf 1,5 °C über dem vorindustriellen Niveau zu begrenzen, da erkannt wurde, dass dies die Risiken und Auswirkungen der Klimaänderungen erheblich verringern würde […].“ (*BMU* 2015)

- Obgleich „1,5 Grad“ gemeinhin als besonders ambitioniertes Ziel gilt, stellt Sara Schurmann dazu vollkommen zu Recht fest: „1,5 Grad sind nichts Gutes.“[90] Und wenn es für 1,5 Grad nicht reichen sollte, ist nicht auf einmal alles verloren, vielmehr gilt: „1,6 Grad sind besser als 1,7 Grad sind besser als 1,8 Grad […].“[91]

- ‚Aber‘ und ‚trotzdem‘ meiden, stattdessen lieber wie folgt: ‚Und gleichzeitig ist es so und so.‘ Begründung: ‚Ja, aber‘, ‚aber‘ und ‚trotzdem‘ nach einem Komma sorgen dafür, dass alles Gesagte vor dem Komma verneint/ungültig wird. Durch die Formel ‚Und gleichzeitig ist es so und so‘ werden die beiden Satzteile konstruktiv zu einem Ganzen zusammengeführt.

- ‚Eigentlich' kann aus einer Aussage eine Absage machen. Das funktioniert wie beim Wort ‚Ja, aber'/‚aber', welches alles relativiert, was vor dem ‚aber' gesagt wurde. ‚Eigentlich'/ ‚aber' sorgt dort für ein rhetorisches Verständnis für Positionen, die man nicht teilt und denen man widerspricht, s. auch S. 20, Ausführungen zu „Der *Hauptbegriff* startet das Framing".

- ‚Ganz ehrlich' bedeutet faktisch, dass die:der Aussagende sonst nicht immer ehrlich ist.

- „Fragen Sie mich als Politiker:in oder als Mensch?" – Hier kann man zurückspiegeln, dass man diese Unterscheidung nicht für zulässig hält und die Person diese Entscheidung selbst treffen soll (‚gelebte Schizophrenie').

- Einen ‚Wirtschaftsnobelpreis' gibt es nicht. Besagter Preis ist ein 1968 gestifteter „Preis der Schwedischen Nationalbank in Wirtschaftswissenschaft in Erinnerung an Alfred Nobel".

- Nicht Tempo- oder Durchfahrtsbeschränkungen führen zur Ökodiktatur, sondern potenziell das ‚Weiter so'-Nichtstun.

- ‚Der Markt' ist das ‚Goldene Kalb', welches bisweilen personifiziert wird („Wie werden die *Märkte* reagieren?") und dessen unbedingte Priorisierung von den Verfechter:innen des Neoliberalismus als Allheilmittel angepriesen wird. Pointierte Analyse: Angebot und Nachfrage finden sich bei einem Marktpreis. Wer diesen z. B. für Lebensmittel nicht bezahlen kann, hungert. Oder verhungert. Der Markt ist folglich der Grund, warum weltweit immer noch etwa 800 Millionen Menschen hungern.

- Politiker:innen ziehen in Diskussionen gerne ‚rote Linien' ein wie bspw. der ehemalige Wirtschaftsminister Altmaier im Gespräch mit Luisa Neubauer es mit „Klimaschutz kann nicht auf Kosten von Wohlstand und Arbeitsplätzen gehen"[92] versuchte. Wir Autoren regen an, konzentriert auf solche absoluten Setzungen im Gespräch zu achten und ggf. umgehend infrage zu stellen. Andernfalls wird es nachfolgend möglicherweise schwierig, den Diskurs offen zu gestalten (↑ S. 31 ‚Altmaier'sches Bonmot').

- ‚Marktkonforme Demokratie' – das ist ein z. B. von Angela Merkel verwendeter Begriff, der umformuliert klarer wird ‚Die Demokratie hat marktkonform zu sein': Wo es Konflikte zwischen beidem gibt, muss bei dieser Lesart die Demokratie zurückstehen. Insbesondere darf aus dieser Perspektive der Markt nicht durch die Demokratie abgeschafft werden.

- ‚Leistungsgesellschaft' – Richard David Precht hält dazu fest: „Wenn heute in Deutschland pro Jahr 400 Milliarden Euro schlichtweg vererbt werden, ist der Begriff ‚Leistungsgesellschaft' kaum mehr als ein Euphemismus."[93], s. auch S. 50.

- Wirtschaftsweisen, die [fünf] – umgangssprachliche Bezeichnung des 1963 eingesetzten „Sachverständigenrats zur Begutachtung der gesamtwirtschaftlichen Entwicklung". Der Begriff ist nach Dafürhalten der Autoren als systemunkritisch abzulehnen. Er weist zudem unseres Erachtens einen unangenehmen Unfehlbarkeitsanspruch auf.

- ‚Ökologische Moderne' (= ‚Wachstum'). Ein Begriff, der genutzt wird, um eine ‚grüne Revolution des Wachstums' zu beschreiben. Konkret geht es um die widerlegte Idee[94], man könne den Ressourcenverbrauch *absolut* von der Steigerungslogik bzw. von mehr Mehrverbrauch entkoppeln, s. auch S. 22 ‚grünes Wachstum'.

Weiteres Framing, bei dem man einhaken soll – in Form von typischen Sätzen:

- „Die sozial Schwachen liegen in der sozialen Hängematte." >> Das ist pure Demagogie. Sollen wir Bürger:innen wirklich von den ‚sozial Schwachen' sprechen oder nicht eher von den ‚ökonomisch Schwachen'? Sozial schwach bzw. antisozial sind nach dem Erleben der Autoren eher diejenigen, die solche Sätze von sich geben. Hier sei zudem die Bemerkung erlaubt, dass die Hängematte, in der sich reiche Erb:innen befinden, deutlich besser gepolstert ist. Diese werden in dieser Gesellschaft oftmals als ‚Leistungsträger:innen' bezeichnet.

- „Wirtschaft wieder ankurbeln." | „Wir dürfen die Wirtschaft wegen des Klimas nicht belasten." >> ‚Wirtschaft' wird personifiziert, wer ist Wirtschaft? Enthält eine Prise irrational anmutenden ‚Wachstumsglaubens' und stellt die Wirtschaft bzw. den Markt über die Natur (↑ S. 44 ‚(mehr) Mehrverbrauch, der' und ↑ S. 31 ‚Altmaier'sches Bonmot').

- „Privater Konsum muss zunehmen." – Eine lustige Ansicht in Zeiten, in denen der Keller/Dachboden mit kostenintensiven Staubfängern voll ist, die originalverpackt in der Ecke stehen. Diese Aussage ist identisch mit der Forderung nach (mehr) Mehrverbrauch (↑ S. 44 ‚(mehr) Mehrverbrauch, der').

- „Hauptsache, die Wirtschaft brummt." – Schwer ist es, auf diesen Satz zu reagieren, weil man gar nicht weiß, wo man anfangen soll. Wie wäre es mit folgendem Hinweis: „Denken Sie das mal zu Ende." oder: „Wenn Sie einen Zivilisationsverlust befürworten, haben Sie Recht."

- „Beim Klimawandel geht es darum, Emissionen zu verringern, nicht darum, das System zu verändern." >> Glaubt man an die technologische Machbarkeit, übersieht man die ebenso dramatische Krise des sechsten Massenaussterbens – der mit technologischen Innovationen schlicht nicht beizukommen ist, sondern vorrangig durch genau eine Maßnahme: Unterlassung.

- „Technik wird es richten." >> Nein, wird sie nicht. Sie ist notwendig – aber nicht hinreichend. Das große und entscheidende ‚Veränderungserfordernis' liegt bei der Gesellschaft.

- „Wir sind nicht für die Vergangenheit verantwortlich." >> Oh, wirklich nicht? Dieser Logik folgend wäre es konsequent, das durch Ausbeutung von Mensch und Natur erworbene Vermögen abzugeben (↑ S. 31).

- „Die Länder im globalen Süden sind das Problem." >> Diese Behauptung kommt in zwei Varianten daher:
  Zum einem als ‚China‘, das bei den Pro-Kopf-Emissionen zurzeit noch knapp hinter Deutschland[95] liegt. Dass die Emissionen in China so hoch sind, liegt zu einem guten Teil daran, dass – um ein Beispiel zu geben – ein in China (‚Werkbank/Schornstein der Welt‘[96]) produzierter und in Deutschland genutzter Fernseher i. d. R. der CO_2-Bilanz von China angerechnet wird.
  Zum anderen als ‚Überbevölkerung‘ (↑ S. 54). Letzteres trifft eher auf Deutschland zu, welches erhebliche (Agrar-)Flächen im Ausland nutzt.[97]

- „Wenn eine Ressource ausgeht, dann ist eine andere da, um sie zu substituieren." >> Das ist ein sog. ‚Mainstream-Argument‘. Es handelt sich dabei um ein durch nichts bewiesenes Wunschdenken.

- „Ressourcen werden nie knapp, das regelt der Markt über Preise." >> Hier gilt das gleiche wie vorstehend. Handelt es sich um einen Anflug von ‚magischem Denken‘?

- „Es gibt praktisch unbegrenzte Ressourcen." >> Auch das ist ein ‚Mainstream-Argument‘. Ob sich das aktuell noch jemand zu formulieren traut, die:der ernst genommen werden möchte?

- „Wir dürfen niemanden bevormunden, wie sie:er zu leben hat. Wir dürfen der:dem Bürger:in nicht vorschreiben, was sie:er konsumieren darf." >> Das ist faktisch eine Anleitung für den direkten Weg in die Katastrophe. Dabei gilt: im Zweifelsfall pro Zukunftsermöglichung. Und wir Mitbürger:innen haben uns zu vergegenwärtigen, dass viele der mit diesen Sätzen verteidigten ‚Freiheiten‘ vor zwei, drei Jahrzehnten so noch gar nicht existierten. Die rote Linie ist gemäß Bundesverfassungsgerichtsbeschluss von 2021 dort zu ziehen, wo junge/künftige Generationen in ihrer Freiheit nicht beschränkt werden dürfen (↑ S. 37).

- Unerwünschte (jedoch wissenschaftlich längst belegte) Fakten werden oft als ‚Ideologie‘ bzw. deren Nennung als ‚ideologisch‘ gebrandmarkt. Wir regen an, auf die Wissenschaft zu verweisen und deren Herabsetzung/Leugnung als *tatsächlich* ideologisch zu benennen. So lässt Christian Lindner (FDP) im Oktober 2022 verlauten, „[e]r sei für eine ‚ideologiefreie Energiepolitik‘ [...] und deshalb müsse man jetzt auch in Europa wieder fossile Brennstoffe fördern."[98] Christian Stöcker bemerkt dazu: „Der FDP-Chef hält also das Faktum, dass wir keine weiteren fossilen Brennstoffvorräte mehr erschließen dürfen, wenn wir die Welt nicht in den Abgrund stürzen wollen, weiterhin für eine Glaubensfrage (‚Ideologie‘)."[99]

- Ein Vorschlag: Reagieren Sie auf die Erwähnung von / Forderung nach ‚Wachstum‘ amüsiert und geben Sie zurück, dass die Welt dann wohl auch eine Scheibe sei.

- Und wenn mal wieder die alten ‚roten Socken‘ bemüht werden, d. h. die SPD, die Linken, der Sozialismus, der Kommunismus etc.: Wir Autoren regen an, dass Sie über ‚Rote Socken‘-Erwähnungen bei Diskussionen einfach lachen. Überhaupt: Gute Laune ist ansteckend.

6. Fazit und Ausblick

Eine der zentralen Feststellungen der Handreichung *SPRACHE MACHT ZUKUNFT* lautet wie folgt: *Was man nicht verworten kann, kann man auch nicht erklären, verstehen, begreifen.* So grotesk es ist: Proaktive sind bislang nicht dazu in der Lage (gewesen), die komplexe multiple Krise mit ihren Folgen und Herausforderungen angemessen in einfache Worte zu kleiden. Mehr noch: Proaktive vermögen es bis heute nicht, die alten Grunderzählungen rund um Steigerungslogik und Naturunterwerfung zu knacken – zugunsten eines neuen Selbstverständnisses der Menschen als symbiotisch mit allem Lebendigen auf dieser Oase namens ‚Erde' lebenden Tieres unter Tieren.

Möge das hier vorgeschlagene Vokabular/Wording samt den zuvor skizzierten Argumentationssträngen und angesprochenen *Vorschlägen* als

- Diskussionsgrundlage sowie als
- fruchtbarer Nährboden

für eine Weiterentwicklung des proaktiven Vokabulars dazu beitragen, endlich auf dem Pfad der nunmehr *jetzt, sofort & heute!* einzuleitenden gesamtgesellschaftlichen Transformation voranzukommen, ohne die alles nichts ist.

Wir widmen diesen Beitrag allen gegenwärtigen und zukünftigen Proaktiven.

Anregungen sowie Vorschläge sind uns willkommen unter
Sprache-Macht-Zukunft.de!

Diese Handreichung liegt auf der genannten Website vollständig und
für alle Bürger:innen frei zugänglich vor.

Gegebenenfalls finden Sie dort auch Updates, z. B. in Form von weiteren Begriffen.

Hinweis zu Klimaangst

Die Beschäftigung mit der Klimakrise und dem sechsten Massenaussterben kann uns Angst machen und ggf. bestehende Ängste, depressive Verstimmungen oder Depressionen verstärken.

Es ist zu keiner Zeit das Anliegen von uns Autoren, unseren Mitmenschen *Angst zu machen*.

Gleichzeitig ist es so, dass die Wahrheit dem Menschen zumutbar ist (wie Ingeborg Bachmann es ausgedrückt hat).

Wenn Ihnen das ‚mit dem Klima' etc. alles einmal zu viel werden sollte, falls Sie übermäßig traurig sein sollten, sich depressiv fühlen etc.: Die erste wichtige Botschaft in diesem Fall lautet wie folgt: Sie sind damit nicht allein – es geht vielen Menschen so, auch wenn viele es sicher verbergen oder verdrängen.

Das Thema ‚Klimaangst' ist mittlerweile derart relevant, dass es schon weitere Begriffe dafür gibt: zum Beispiel ‚Solastalgie' für psychischen Stress, den die Klimawandelfolgen auslösen.[100] In den USA ist mittlerweile von der ‚climate change grief' (‚Klimawandel-Trauer') die Rede.[101] Auch wird offensichtlich bereits versucht, ‚eco-anxiety' zu einer offiziellen Krankheit zu erklären[102], s. auch klimaangst.handbuch-klimakrise.de.

2022 sind u. a. die Bücher *Klimagefühle* und *Klima im Kopf* erschienen, die sich intensiv mit der Thematik auseinandersetzen. Daneben gibt es mittlerweile erste Selbsthilfegruppen, bei denen man sich gut aufgehoben fühlen und austauschen kann, vgl. z. B. https://tiefe-anpassung.de.

Bitte suchen Sie sich im Zweifelsfall ärztliche bzw. psychologische Hilfe.

Quellenverzeichnis

Ahmed, Nafeez (2022): „UN Warns of ‚Total Societal Collapse' Due to Breaching of Planetary Boundaries". In: *Byline Times*, 26.05.2022, online unter https://bylinetimes.com/2022/05/26/un-warns-of-total-societal-collapse-due-to-breaching-of-planetary-boundaries/ (Abrufdatum 04.08.2022).

Allianz Research (2021): „Literacy Survey: Time to leave climate neverland". In: *Allianz Research*, 27.10.2021, online unter https://www.allianz.com/content/dam/onemarketing/azcom/Allianz_com/economic-research/publications/specials/en/2021/october/2021_10_27_Climate-literacy.pdf (Abrufdatum 29.09.2022).

Amann, Melanie u. Traufetter, Gerald (2019): „Freitags-Demonstrantin Neubauer streitet mit Minister Altmaier – ‚Meine Generation wurde betrogen'" [Peter Altmaier und Luisa Neubauer im Interview]. In: *Der Spiegel*, 15.03.2019, online unter https://www.spiegel.de/plus/luisa-neubauer-und-peter-altmaier-im-streitgespraech-a-00000000-0002-0001-0000-000162913137/ (Abrufdatum 31.05.2019) [Paywall].

Anzaldúa, Gloria E. (o. J.): „Nothing happens in the ‚real' world unless it first happens in the images in our heads". In: *azquotes.com*, online unter https://www.azquotes.com/author/17729-Gloria_E_Anzaldua (Abrufdatum 16.08.2022).

Bachmann, Ingeborg (1959): „Die Wahrheit ist dem Menschen zumutbar" [Titel der Dankesrede für die Verleihung des Hörspielpreises der Kriegsblinden], 1959. In: *Werke* Band 4, Piper 1978, S. 277.

Berger, Melanie (2017): „Studie: Dramatischer Insektenschwund in Deutschland". In: *Der Tagesspiegel*, 19.10.2017, online unter https://www.tagesspiegel.de/wissen/studie-dramatischer-insektenschwund-in-deutschland/20472776.html (Abrufdatum 06.07.2019).

Biermann, Kai (2019): „Darüber spricht der Bundestag" [Veränderung von Sprache in 70 Jahren Bundestag]. In: *Die Zeit*, 09.09.2019, online unter https://www.zeit.de/politik/deutschland/2019-09/bundestag-jubilaeum-70-jahre-parlament-reden-woerter-sprache-wandel#s=abr%C3%BCstung (Abrufdatum 19.10.2022).

Blüm, Florian (2022): „Wie misst man Energie? Nutzenergie vs Endenergie vs Primärenergie". In: *tech-for-future.de*, 04.03.2022, online unter https://www.tech-for-future.de/primaerenergie/ (Abrufdatum 11.04.2022).

BMU (2015): „Übereinkommen von Paris" [deutsche Übersetzung]. In: *Bundesministerium für Umwelt, Naturschutz und nukleare Sicherheit*, online unter https://www.bmu.de/fileadmin/Daten_BMU/Download_PDF/Klimaschutz/paris_abkommen_bf.pdf (Abrufdatum 09.03.2021).

Bonner, Stefan u. Weiss, Anne (2017): *Planet planlos. Sind wir zu doof die Welt zu retten?* Knaur.

Brand, Ulrich u. Wissen, Markus (2017): *Imperiale Lebensweise. Zur Ausbeutung von Mensch und Natur im globalen Kapitalismus.* oekom.

Bronswijk, Katharina van (2022): *Klima im Kopf. Angst, Wut, Hoffnung: Was die ökologische Krise mit uns macht.* oekom.

Brundtland-Bericht (1987): „Unsere gemeinsame Zukunft. Der Brundtland-Bericht der Weltkommission für Umwelt und Entwicklung". In: *nachhaltigkeit.info*, 2015, online unter https://www.nachhaltigkeit.info/artikel/brundtland_report_563.htm (Abrufdatum 17.01.2023).

BUND (o. J.): „Suffizienz – was ist das?". In: *BUND*, online unter https://www.bund.net/ressourcen-technik/suffizienz/suffizienz-was-ist-das/ (Abrufdatum 18.08.2022).

Bundesregierung (o. J.): „Kohleausstieg und Strukturstärkung. Von der Kohle hin zur Zukunft". In: *Bundesregierung.de*, online unter https://www.bundesregierung.de/breg-de/themen/klimaschutz/kohleausstieg-1664496 (Abrufdatum 06.10.2022).

Bunz, M., u. Mücke, H.-G. (2017): „Klimawandel – physische und psychische Folgen". In: *Bundesgesundheitsblatt - Gesundheitsforschung – Gesundheitsschutz* 60(6), 632–639, online unter https://doi.org/10.1007/s00103-017-2548-3.

BVerfG (2021): „Leitsätze zum Beschluss des Ersten Senats vom 24. März 2021". In: *Bundesverfassungsgericht*, 29.04.2021, online unter https://www.bundesverfassungsgericht.de/SharedDocs/Entscheidungen/DE/2021/03/rs20210324_1bvr265618.html, s. auch „Verfassungsbeschwerden gegen das Klimaschutzgesetz teilweise erfolgreich" [Presseerklärung]. In: *Bundesverfassungsgericht*, 29.04.2021, online unter https://www.bundesverfassungsgericht.de/SharedDocs/Pressemitteilungen/DE/2021/bvg21-031.html (Abrufdatum beider Quellen 18.08.2022).

Carstens, Peter (2019): „UN-Report – Eine Million Arten betroffen: Das sechste Massenaussterben ist in vollem Gange". In: *Geo*, 25.04.2019, online unter https://www.geo.de/natur/nachhaltigkeit/21267-rtkl-un-report-eine-million-arten-betroffen-das-sechste-massenaussterben (Abrufdatum 16.01.2023).

Chomsky, Noam (2021): *Kampf oder Untergang.* Beck.

Climate Outreach (o. J.): „Übers Klima reden. Wie Deutschland beim Klimaschutz tickt. Wegweiser für den Dialog in einer vielfältigen Gesellschaft". In: *Climate Outreach*, online unter https://climateoutreach.org/uebers-klima-reden/ (Abrufdatum 16.08.2022).

Constitution (o. J.): „Constitution of the Iroquois Nations". In: *Harvard.edu*, online unter https://cscie12.dce.harvard.edu/ssi/iroquois/simple/2.shtml (Abrufdatum 01.08.2022).

Daly, Herman E. (2005): „Economics in a full world". In: *Scientific American*. 293 (3): 100–107, online unter https://doi.org/10.1038/scientificamerican0905-100. [Volltext abrufbar unter https://steadystate.org/wp-content/uploads/Daly_SciAmerican_FullWorldEconomics.pdf (Abrufdatum 10.01.2023).]

Destatis (2022): „Bevölkerung Deutschlands im 1. Halbjahr 2022 stark gewachsen". In: *Statistisches Bundesamt (Destatis)*, 27.09.2022, online unter https://www.destatis.de/DE/Presse/Pressemitteilungen/2022/09/PD22_410_12411.html (Abrufdatum 26.10.2022).

Diez, Georg (2018): „Ökonomie und Feminismus: Die Mutter aller Märkte". In: *Der Spiegel*, 20.05.2018, online unter https://www.spiegel.de/kultur/gesellschaft/adam-smith-aus-feministischer-perspektive-die-mutter-aller-maerkte-a-1208513.html (Abrufdatum 28.07.2022).

Dohm, Lea u. Schulze, Mareike (2022): *Klimagefühle. Wie wir an der Umweltkrise wachsen, statt zu verzweifeln.* Knaur.

Doughnut (2022): „What is the Doughnut?" [Grafik]. In: *Doughnuteconomics.org*, online unter https://doughnuteconomics.org/about-doughnut-economics (Abrufdatum 16.08.2022).

Duve, Karen (2011): *Anständig essen. Ein Selbstversuch.* Galiani.

Edmüller, Andreas u. Wilhelm, Thomas (2015): *Manipulationstechniken. Erkennen und abwehren.* Haufe.

Elsässer, Lea, Hense, Svea u. Schäfer, Armin (2017): „,Dem Deutschen Volke'? Die ungleiche Responsivität des Bundestags". In: *Zeitschrift für Politikwissenschaft/Springer Link*, 21.07.2017, online unter https://doi.org/10.1007/s41358-017-0097-9.

El Ouassil, Samira u. Karig, Friedemann (2021): *Erzählende Affen. Mythen, Lügen, Utopien – wie Geschichten unser Leben bestimmen.* Ullstein.

Ende, Michael (1973): *Momo.* Thienemann.

Ende, Michael (1994): *Zettelkasten. Skizzen und Notizen.* Weitbrecht.

FAZ Blog (2012): „Pseudomobilität – sind wir mit dem Auto wirklich schneller?" [Autor:innen-Pseudonym: Sophia Amalie Antoinette Infinitesimalia]. In: *Deus ex Machina, Blog der Frankfurter Allgemeinen Zeitung*, 06.03.2012, online unter https://blogs.faz.net/deus/2012/03/06/pseudomobilitaet-sind-wir-mit-dem-auto-wirklich-schneller-722/ (Abrufdatum 26.04.2022). >> in Anlehnung an die Rechnung von Ivan Illich aus dem Jahre 1973, der auf 6 km/h kam (vgl. https://prorad-dn.de/lob-des-fahrrads (Abrufdatum 24.01.2023).

FES (2021): „Kanzlerkandidat Olaf Scholz spricht mit Klima-Aktivist_innen von ,Letzte Generation'". In: *Friedrich-Ebert-Stiftung/youtube*, 12.11.2021, online unter https://youtu.be/q0KpnFzFQgc?t=1854 [= konkret der Moment, in dem Scholz den politischen Gegner:innen Planlosigkeit vorwirft; Empörung Scholz' auf den Hinweis hin, er schätze Dimension und Dringlichkeit falsch ein, siehe gleiches Video: https://youtu.be/q0KpnFzFQgc?t=2111] (Abrufdatum beider Quellen 05.05.2022).

FJC (2020): „Research Findings". In: *framingclimatejustice.org*, online unter https://framingclimatejustice.org (Abrufdatum 05.05.2022).

Foer, Jonathan Safran (2019): *Wir sind das Klima! Wie wir unseren Planeten schon beim Frühstück retten können.* Kiwi.

Fritsch, Bruno (1990): *Mensch – Umwelt – Wissen. Evolutionsgeschichtliche Aspekte des Umweltproblems.* Teubner.

Gaul, Simone (2020): „Was jetzt? / US-Westküste: ‚Das sind Klimabrände'". In: *Die Zeit*, 14.09.2020, online unter https://www.zeit.de/politik/2020-09/us-westkueste-waldbraende-kalifornien-oregon-klimawandel-nachrichtenpodcast (Abrufdatum 14.09.2020).

Global Footprint Network (o. J.): „Country Trends: Germany". In: *Global Footprint Network*, Daten bis 2018, online unter https://data.footprintnetwork.org/?_ga=2.268301837.2090472425.1673800416-920480646.1673800415#/countryTrends?type=earth&cn=79 (Abrufdatum 16.01.2023).

Göpel, Maja (2020a): *Unsere Welt neu denken. Eine Einladung.* Ullstein.

Göpel, Maja (2020b): „Durch ökologischen Wandel wird das Leben nicht teurer." [Stephan Karkowsky interviewt Maja Göpel]. In: *Deutschlandfunk Kultur*, 02.03.2020, online unter https://www.deutschlandfunkkultur.de/umsteuern-fuer-den-klimaschutz-durch-oekologischen-wandel.1008.de.html?dram:article_id=471437 (Abrufdatum 30.04.2020).

Göpel, Maja (2022): „Kampf gegen die Klimakrise: Können wir den Rückfall ins fossile Zeitalter noch verhindern, Frau Göpel?" [Kurt Stukenberg u. Philip Bethge interviewen Maja Göpel]. In: *Der Spiegel*, 30.08.2022, online unter https://www.spiegel.de/wissenschaft/maja-goepel-im-interview-koennen-wir-den-rueckfall-ins-fossile-zeitalter-noch-verhindern-a-0310d85c-09b5-4bfc-98a6-ca93c95c2fdc (Abrufdatum 06.10.2022).

Gottschalk, Katrin (2020): „Ästhetisch einwandfrei". In: *tageszeitung*, 14.10.2020, S. 12.

Gramsci, Antonio (o. J.): *Quaderni del carcere*, Einaudi, I.djvu/318 § (34). Passato e presente. H. 3, § 34, 354f., online unter https://beruhmte-zitate.de/werk/gefangnishefte-826/ (Abrufdatum 17.08.2022).

Gröhn, Constantin u. Köhler, Sarah (2021): „Paradising – Wie wir eine alte Vorstellung für die Zukunft zurückerobern wollen". [Konzeptpapier]. In: *umkehr-zum-leben.de*, online unter https://www.umkehr-zum-leben.de/asa/paradising/ (Abrufdatum 17.01.2023). [Transparenz durch Offenlegung: Constantin Gröhn sitzt zusammen mit den Autoren dieser Handreichung im Arbeitskreis ‚Storytelling' der SÖT-Allianz Hamburg.]

Haberl, Helmut et al. (2020): „A systematic review of the evidence on decoupling of GDP, resource use and GHG emissions, part II: synthesizing the insights". In: *Environ. Res. Lett.* 15 065003, online unter https://doi.org/10.1088/1748-9326/ab842a.

Hamburger Zukunftsmanifest (2020): „Hamburger Zukunftsmanifest – Leitbild für eine grundlegend neue Politik". In: *Zukunftsrat Hamburg*, 11/2020, online unter https://www.zukunftsrat.de/wp-content/uploads/201103_Hamburger_Zukunftsmanifest.pdf (Abrufdatum 17.01.2023). [Transparenz durch Offenlegung: Das *Hamburger Zukunftsmanifest* ist maßgeblich in Mitarbeit der Autoren dieser Handreichung entstanden.]

HDKV (o. J.): „Intersektionaler Feminismus". In: *Heidelberger Kunstverein*, online unter https://hdkv.de/leseraum/intersektionaler-feminismus/ (Abrufdatum 01.08.2022).

Hecking, Claus u. Schultz, Stefan (2017): „Strukturwandel. Deutschland hat nur noch 20.000 Braunkohle-Jobs". In: *Der Spiegel*, 05.07.22017, online unter https://www.spiegel.de/wirtschaft/unternehmen/braunkohlewirtschaft-bietet-nur-noch-20-000-arbeitsplaetze-a-1155782.html (Abrufdatum 06.10.2022).

Heller, Hannah (2022): „Narrative". Vortrag, gehalten am 7. März 2022 im Rahmen einer Veranstaltung des Hamburger BUND, Arbeitskreis Suffizienz.

Hermann, Ulrike (2020): „‚Real' und die Arbeitsplätze von Frauen: Subventionen nur für Männer". In: *tageszeitung*, 19.02.2020, online unter https://taz.de/Real-und-die-Arbeitsplaetze-von-Frauen/!5662740/ (Abrufdatum 06.10.2022).

Herzog, Dietrich (1998): „Responsivität". In: Jarren, O., Sarcinelli, U., Saxer, U. (Hg.). *Politische Kommunikation in der demokratischen Gesellschaft.* VS Verlag für Sozialwissenschaften, online unter https://doi.org/10.1007/978-3-322-80348-1_18.

Hickel, Jason (2020): „What does degrowth mean? A few points of clarification, Globalizations". In: *tandfonline.com*, 04.09.2020, 18:7, 1105-1111, online unter https://doi.org/10.1080/14747731.2020.1812222.

Hirschhausen, Eckart von (2021a): *Mensch, Erde! Wir könnten es so schön haben.* dtv.

Hirschhausen, Eckart von (2021b): „Wir leben in irritierenden Zeiten". [Peter Unfried interviewt Eckart von Hirschhausen]. In: *tageszeitung*, 19.09.2021, online unter https://taz.de/TV-Moderator-Eckart-von-Hirschhausen/!5799639/ (Abrufdatum 24.01.2023).

Ibisch, Pierre Leonhard u. Sommer, Jörg (2021). *Das ökohumanistische Manifest. Unsere Zukunft in der Natur.* Hirzel.

Jeffries, Victoria (2020): „Wie Sprache Realität formt" [Gesprächsprotokoll, aufgezeichnet von Peter Weissenburger und Simon Sales Prado]. In: *tageszeitung*, 06./07.06.2020, S. 35.

Jonas, Hans (1979): *Prinzip Verantwortung – Versuch einer Ethik für die technologische Zivilisation.*

Junker, Claudia u. Oelschlaeger, Walter (o. J.): *Tiefe Anpassung. Kollektive Resilienz in der globalen Krise,* online unter https://tiefe-anpassung.de/ (Abrufdatum 28.07.2022).

Kaffka, Lenne (2020). *Smarter leben – Der Ideen-Podcast* [Gerhard Reese im Interview], 06.06.2020, online unter https://www.spiegel.de/psychologie/klimawandel-was-passieren-muss-damit-wir-umweltfreundlicher-leben-a-b2e9f4a3-23ae-4715-9a5c-bf1d424cbffa (Abrufdatum 22.06.2020).

Klein, Naomi (2015): *Kapitalismus vs. Klima. Die Entscheidung.* Fischer.

Knödler, Gernot (2022): „Hamburg Airport jetzt klimaneutral". In: *tageszeitung*, 26.03.2022, online unter https://taz.de/Klimaschutz-oder-Greenwashing/!5841229/ (Abrufdatum 21.07.2022).

Kopatz, Michael (2016): *Ökoroutine. Damit wir tun, was wir für richtig halten.* oekom.

Krieghofer, Gerald (2021): „Die Freiheit des Einzelnen endet dort, wo die Freiheit des Anderen beginnt.". In: *Zitatforschung*, 09.08.2021, online unter https://falschzitate.blogspot.com/2021/08/die-freiheit-des-einzelnen-endet-dort.html (Abrufdatum 16.01.2023).

Latour, Bruno u. Schultz, Nikolaj (2022): *Zur Entstehung einer ökologischen Klasse: Ein Memorandum.* Suhrkamp.

Latour, Bruno (2022): „Philosoph Latour über die Zukunft des Menschen: ‚Alles ist besser als das Alte'". [Tobias Rapp interviewt Bruno Latour]. In: *Der Spiegel*, 05.12.2022, online unter https://www.spiegel.de/kultur/bruno-latour-ueber-klimawandel-krieg-und-die-zukunft-des-menschen-alles-ist-besser-als-das-alte-a-be10a027-4ed1-491c-902d-a18b1374a567 (Abrufdatum 12.11.2023).

Laurent, Melanie u. Dion, Cyril (2016): *Tomorrow. Die Welt ist voller Lösungen.* Film-Doku. Darin: Pierre Rabhi im Gespräch. Hier heißt es: „Diese unersättliche Menschheit sieht den Planeten nicht als wunderbare Oase inmitten unbelebter Sterne, in der das Leben herrlich ist: ein wahres Wunder eben."

Leisgang, Theresa u. Thelen, Raphael (2021): *Zwei am Puls der Erde. Eine Reise zu den Schauplätzen der Klimakrise – und warum es trotz allem Hoffnung gibt.* Goldmann.

Le Guin, Ursula K. (2020): *Am Anfang war der Beutel. Warum uns Fortschritts-Utopien an den Rand des Abgrunds führten und wie Denken in Rundungen die Grundlage für gutes Leben schafft.* thinkoya.

Mast, Maria (2020): „Die Welt ist nicht sicher. Wir müssen lernen, das auszuhalten" [Maria Mast interviewt Jan Kalbitzer]. In: *Die Zeit*, 01.03.2020, online unter https://www.zeit.de/wissen/2020-02/jan-kalbitzer-angst-panik-menschlichkeit-psychotherapie (Abrufdatum 16.06.2020).

Magnason, Andri Snær (2020): *Wasser und Zeit. Eine Geschichte unserer Zukunft.* Insel.

Marx, Karl u. Engels, Friedrich(1983): *Werke, Band 25, Das Kapital, Bd. III*, Sechster Abschnitt, S. 784, Dietz, online unter: http://www.mlwerke.de/me/me25/me25_781.htm (Abrufdatum 24.01.2023).

Messner, Dirk (2019): „Pfadabhängigkeiten und Transformationsprozesse" [Dirk Messner antwortet auf Interviewfragen einer sog. Konsultation]. In: *Wissenschaftsplattform Nachhaltigkeit 2030*, online unter https://www.wpn2030.de/interview-konsultation-frage-1-2-2-3-2/, s. auch https://www.wpn2030.de/wp-content/uploads/2019/12/Bericht-Konsultation-2019.pdf (Abrufdatum beider Quellen 22.07.2022).

Monbiot, George (2017): *Out of the Wreckage: A new Politics for an Age of Crises.* Verso.

Morgenstern, Klaus (2022): „Lebenserwartung in den USA bricht ein". In: *Deutsches Institut für Altersvorsorge*, 06.09.2022, online unter https://www.dia-vorsorge.de/demographie/lebenserwartung-in-den-usa-bricht-ein/ (Abrufdatum 29.10.2022).

Neubauer, Luisa u. Repenning, Alexander (2019): *Vom Ende der Klimakrise. Eine Geschichte unserer Zukunft*. Tropen.

Neubauer, Luisa u. Reemtsma, Dagmar (2022): *Gegen die Ohnmacht. Meine Großmutter, die Politik und ich*. Tropen.

Nicolai, Birger (2013): „Deutschland ist abhängig von Agrarfeldern im Ausland". In: *Die Welt*, 19.08.2013, online unter https://www.welt.de/wirtschaft/article119159181/Deutschland-ist-abhaengig-von-Agrarfeldern-im-Ausland.html (Abrufdatum 20.01.2023).

Nixon, Richard (1973): „Richard Nixon – ‚I'm not a crook'". [TV-Ansprache, 17.11.1973]. In: *Youtube.com*, online unter https://youtu.be/sh163n1lJ4M (Abrufdatum 04.08.2022).

Notz, Dirk (2016): „Mein Beitrag zur arktischen Eisschmelze. Messungen decken den Zusammenhang zwischen individuellem CO_2-Ausstoß und dem Rückgang des arktischen Sommereises auf". In: *Max-Planck-Gesellschaft*, 03.11.2016, online unter https://www.mpg.de/10815762/meereis-arktis-rueckgang/ (Abrufdatum 09.06.2019).

Osterath, Brigitte (2018): „Verstand gegen Gefühl?" In: *dasgehirn.info*, 20.07.2018, online unter https://www.dasgehirn.info/denken/emotion/verstand-gegen-gefuehl (Abrufdatum 16.08.2022).

Otto, Friederike (2019): *Wütendes Wetter. Auf der Suche nach den Schuldigen für Hitzewellen, Hochwasser und Stürme*. Ullstein.

Otto, Ilona M., Donges, Jonathan F., Cremades, Roger, Schellnhuber, Hans Joachim et al. (2020). „Social tipping dynamics for stabilizing Earth's climate by 2050". In: *Proceedings of the National Academy of Science*, 21.01.2020, online unter https://doi.org/10.1073/pnas.1900577117.

Papst Franziskus (2013): „Diese Wirtschaft tötet". In: *Evangelii Gaudium* [Apostolisches Schreiben], online unter https://www.vatican.va/content/francesco/de/apost_exhortations/documents/papa-francesco_esortazione-ap_20131124_evangelii-gaudium.html (Abrufdatum 28.07.2022).

Paech, Niko (2012): *Befreiung vom Überfluss*. oekom.

Parrique T., Barth J., Briens F., C. Kerschner, Kraus-Polk A., Kuokkanen A., Spangenberg J. H. (2019): „Decoupling debunked: Evidence and arguments against green growth as a sole strategy for sustainability". In: *European Environmental Bureau*, online unter https://eeb.org/library/decoupling-debunked/ (Abrufdatum 19.01.2023).

Pauly, Daniel (1995): „Anecdotes and the shifting baseline syndrome of fisheries". In: *Trends in Ecology and Evolution*, 10(10): 430, online unter https://doi.org/10.1016/S0169-5347(00)89171-5.

Pendzich, Marc (2020a): „Grünes Fliegen? Vielleicht. Bis auf Weiteres: Eine Illusion". In: *Handbuch Klimakrise – Die relevanten Fakten, Zahlen und Argumente zur großen Transformation*, BoD, online unter gruenesfliegen.handbuch-klimakrise.de sowie als pdf https://handbuch-klimakrise.de/wp-content/uploads/2020/11/Handbuch-Klimakrise-Abschnitt-Gruenes-Fliegen-Marc-Pendzich-vadaboeBooks.pdf.

Pendzich, Marc (2020b): „Ohnmachtsgefühle & erlernte Hilflosigkeit: Klimakrisen-Depression". In: Pendzich, Marc (2020): *Handbuch Klimakrise*, BoD, online unter klimaangst.handbuch-klimakrise.de.

Pendzich, Marc (2022a): „Eine neue Geschichte der Zukunft. Wer wir sind. Wo wir herkommen. Wer wir künftig sein können" [Essay], online unter https://eineneuegeschichtederzukunft.de/.

Pendzich, Marc (2022b): „Intro" [Neufassung September 2022]. In: *handbuch-klimakrise.de*, online unter https://handbuch-klimakrise.de/#intro.

Persson, Linn, Carney Almroth, Bethanie M., Collins, Christopher D. et al. (2022): „Outside the Safe Operating Space of the Planetary Boundary for Novel Entities". In: *ACS Publications*, 18.01.2022, online unter https://doi.org/10.1021/acs.est.1c04158.

Precht, Richard David (2018): *Jäger, Hirten, Kritiker: Eine Utopie für die digitale Gesellschaft*. Goldmann.

Raether, Elisabeth (2020): „Frauen, seid dankbar!". In: *Die Zeit*, 17.05.2020, online unter https://www.zeit.de/wirtschaft/2020-05/wirtschaftskrise-frauen-coronavirus-berufe-krankenpflege-altenpflege (Abrufdatum 26.04.2022).

Rahmstorf, Stefan (2022): „Extremsommer 2022: Was 100.000 Tote zusätzlich mit dem Klimawandel zu tun haben". In: *Der Spiegel*, 13.10.2022, online unter https://www.spiegel.de/wissenschaft/klimawandel-erhoeht-sterblichkeit-in-europa-100-000-tote-zusaetzlich-im-sommer-2022-a-49651597-e247-4b4d-ab76-41469994554f (Abrufdatum 17.10.2022).

Rahmstorf, Stefan u. Schellnhuber, Hans Joachim (2018): *Der Klimawandel. Diagnose, Prognose, Therapie*. Beck.

Raworth , Kate (2018): *Die Donut-Ökonomie. Endlich ein Wirtschaftsmodell, das den Planeten nicht zerstört*. Hanser. [Wir Autoren folgen in dieser Handreichung der englischen Original-Schreibweise ‚Doughnut'.]

Rether, Hagen (2018): „3sat Festival – Hagen Rether Liebe Update 2018 – Wir wundern uns /Ausschnitt 03.10.2018". In: *Youtube.de*, online unter https://www.youtube.com/watch?v=7GcYDBaIQn8 (Abrufdatum 09.06.2020).

Rosa, Hartmut (2016): „Achtsamkeit als Trend: ‚Langsamer machen reicht nicht'" [Eva Thöne interviewt Hartmut Rosa]. In: *Der Spiegel*, 21.03.2016, online unter https://www.spiegel.de/kultur/gesellschaft/resonanz-statt-beschleunigung-hartmut-rosas-gegenentwurf-a-1082402.html (Abrufdatum 01.08.2022).

Rosling, Hans (2018): *Factfulness. Wie wir lernen, die Welt so zu sehen, wie sie wirklich ist*. Ullstein.

Schadwinkel, Alina (2018): „Antarktis: Sie schmilzt". In: *Die Zeit*, 13.06.2018, online unter https://www.zeit.de/wissen/umwelt/2018-06/antarktis-klimawandel-eis-schmelze-gletscher-meeresspiegel (Abrufdatum 28.07.2022).

Schellnhuber, Hans Joachim (2021): „Ich sage Ihnen, dass wir unsere Kinder in einen globalen Schulbus hineinschieben, der mit 98 % Wahrscheinlichkeit tödlich verunglückt" [Video mit Schellnhubers Aussage, getwittert durch Danijel Višević]. In: *twitter*, 26.08.2021, online unter https://twitter.com/visevic/status/1431012057143463937?lang=de (Abrufdatum 06.10.2022).

Schnabel, Ulrich (2018): *Zuversicht. Die Kraft der inneren Freiheit und warum sie heute wichtiger ist denn je*. Blessing.

Schnabel, Ulrich (2022): *Zusammen. Wie wir mit Gemeinsinn globale Krisen bewältigen*. Aufbau.

Schrader, Christopher (2022): *Über Klima sprechen. Das Handbuch*. oekom, online unter https://doi.org/10.14512/9783962389314 [verfügbar als freies PDF].

Schulz, Christoph (2020): „60 Veränderung-Zitate – Die besten Sprüche über neue Wege & Chancen". In: *careelite.de*, 15.03.2020, online unter https://www.careelite.de/veraenderung-zitate-neue-wege-sprueche/ (Abrufdatum 16.08.2022).

Schurmann, Sara (2022): *Klartext Klima! Zusammenhänge verstehen, loslegen und effektiv handeln*. Brandstätter.

Seifritz, Walter (1990): „Die vierte Kränkung". In: *Neue Zürcher Zeitung*, 31.07.1990, Teil „Forschung und Technik".

Silverman, Craig (2011): „The Backfire Effect". In: *Columbia Journalism Review*, 17.06.2011, online unter https://archives.cjr.org/behind_the_news/the_backfire_effect.php (Abrufdatum 01.08.2022).

Sinclair, Upton (1935): „It is difficult to get a man to understand something, when his salary depends upon his not understanding it!" In: *I, Candidate for Governor: And How I Got Licked* (1935); repr. University of California Press, 1994, p. 109., 1935 – vgl. https://en.wikiquote.org/wiki/Upton_Sinclair (Abrufdatum 03.06.2019).

Smith, Emily Esfahani (2018): *Glück allein macht keinen Sinn. Die vier Säulen eines erfüllten Lebens*. Mosaik.

Spiegel (2017): „‚Ernährungsreport 2017': So isst Deutschland". In: *Der Spiegel*, 03.01.2017, online unter https://www.spiegel.de/gesundheit/ernaehrung/ernaehrungsreport-2017-so-isst-deutschland-a-1128368.html (Abrufdatum 17.10.2022).

Statista (2022): „Pro-Kopf-CO_2-Emissionen in Deutschland, den USA und China bis 2021". In: *Statista*, 06.12.2022, online unter https://de.statista.com/statistik/daten/studie/1273207/umfrage/pro-kopf-co2-emissionen-in-deutschland-den-usa-und-china/ (Abrufdatum 20.01.2023).

Steiner, Dieter (2009): „7.2 Ökologische Ökonomie". In: *Humanökologie*, online unter https://www.humanecology.ch/index.php?lng=de&pag=371&nav=3&sub=19&spg=431 (Abrufdatum 01.08.2022).

Stöcker, Christian (2022): „Klima und Steuern: Die zwei größten Lügen des fossilen Kapitalismus". In: *Der Spiegel*, 23.10.2022, online unter https://www.spiegel.de/wissenschaft/mensch/klima-und-steuern-die-zwei-groessten-luegen-des-fossilen-kapitalismus-a-16877467-be82-4f75-b002-98cbe1905f22 (Abrufdatum 13.01.2023).

Stoknes, Per Espen (2015): „The 5 psychological barriers to climate action". In: *BoingBoing.net*, 03.04.2015, online unter https://boingboing.net/2015/04/03/the-5-psychological-barriers-t.html (Abrufdatum 15.03.2022).

Sutter, Matthias (2020): „Verkehrswende: ,„An das Gewissen zu appellieren hat einen deutlichen Effekt'" [Sören Götz interviewt Matthias Sutter]. In: *Die Zeit*, 15.02.2020, online unter https://www.zeit.de/mobilitaet/2020-02/verkehrswende-klimaschutz-emissionen-fliegen-bahnfahren-verkehrsmittel-matthias-sutter (Abrufdatum 29.06.2020).

taz (2019): „Ökonom über ,ökologische Vandalen': Paech geißelt Lebensstil". In: *tageszeitung*, 01.12.2019, online unter https://taz.de/Oekonom-ueber-oekologische-Vandalen/!5641382/ (Abrufdatum 16.01.2023).

terran.eco (2022): „terran" [Startseite mit Definition des Begriffs]. In: *terran e. V.*, online unter https://terran.eco/ (Abrufdatum 21.06.2022).

tim-tam (2016): „Kleines ABC des Erzählens". In: *tim-tam.ch*, online unter https://www.tim-tam.ch/cmsfiles/dokumente/Inputs/Workshops/Kleines_ABC_des_Erzaehlens-1.pdf (Abrufdatum 16.08.2022).

UBA (2018): „Braunkohleindustrie: Kaum betriebsbedingte Kündigungen nötig". In: *Umweltbundesamt*, 23.07.2018, online unter https://www.umweltbundesamt.de/themen/braunkohleindustrie-kaum-betriebsbedingte (Abrufdatum 21.05.2020).

UBA (2020): „Beschäftigung im Umweltschutz: Entwicklung und gesamtwirtschaftliche Bedeutung". In: *Umweltbundesamt*, 29.05.2020, online unter https://www.umweltbundesamt.de/sites/default/files/medien/1410/publikationen/2020_hgp_beschaeftigung_im_umweltschutz_final_bf.pdf (Abrufdatum 29.05.2020).

Ulrich, Bernd u. Engel, Fritz (2022): „Klimakrise: Der verletzte Mensch". In: *Die Zeit*, 21.06.2022, online unter https://www.zeit.de/2022/25/klimakrise-politik-generationen-kraenkung (Abrufdatum 22.06.2022) [Paywall].

Verbraucherzentrale (2015): „Verursachen Fleisch und Wurst wirklich Krebs?". In: *Verbraucherzentrale Hamburg*, 30.11.2015, online unter https://www.vzhh.de/themen/lebensmittel-ernaehrung/verursachen-fleisch-wurst-wirklich-krebs (Abrufdatum 14.04.2022).

Vielhaus, Chris (2022): „Klimakrise: Diese 6 Hebel können uns noch retten". In: *Perspective Daily*, 07.02.2022, online unter https://perspective-daily.de/article/2027-klimakrise-diese-6-hebel-koennen-uns-noch-retten/nLgighQT (Abrufdatum 06.10.2022) [Paywall].

Völk, Lena u. Salzburger, Sonja (2021): „Worte und ihre Geschichte: Warum der Begriff ,asozial' problematisch ist". In: *Süddeutsche Zeitung*, 08.03.2021, online unter https://www.sueddeutsche.de/politik/asozial-nazibegriff-geschichte-1.5218753 (Abrufdatum 03.05.2022).

Wandersee, James H. u. Schussler, Elisabeth E. (1999): „Preventing Plant Blindness". In: *The American Biology Teacher*. Band 61, Nr. 2, S. 82, 84 und 86, online unter https://doi.org/10.2307/4450624.

Watzlawick, Paul, Beavi, Janet H. u. Jackson, Don D. (2007): *Menschliche Kommunikation. Formen, Störungen, Paradoxien*. Huber, S. 53-70.

Wehling, Elisabeth (2016): *Politisches Framing: Wie eine Nation sich ihr Denken einredet – und daraus Politik macht*. Ullstein.

Weissenburger, Peter (2020): „Inklusiv schreiben und sprechen". In: *tageszeitung*, 06./07.06.2020, S. 35.

Wikipedia (2021): „Chrematistik". In: *Wikipedia.de*, 11.03.2021, online unter https://de.wikipedia.org/wiki/Chrematistik (Abrufdatum 24.01.2023).

Wikipedia (2022a): „normal". In: *Wikipedia.de*, 27.01.2022, online unter https://de.wiktionary.org/wiki/normal#normal_(Deutsch) (Abrufdatum 16.08.2022).

Wikipedia (2022b): „Erklärung der Menschen- und Bürgerrechte: Artikel 4". In: *Wikipedia.de*, 08.12.2022, online unter https://de.wikipedia.org/wiki/Erkl%C3%A4rung_der_Menschen-_und_B%C3%BCrgerrechte#Artikel_4 (Abrufdatum 16.01.2023).

Welt (2019): „Elfte Klimawoche. Hamburgs Grüne und SPD im Klima-Clinch". In: *Die Welt*, 23.09.2019, online unter https://www.welt.de/regionales/hamburg/article200808488/Elfte-Klimawoche-Hamburgs-Gruene-und-SPD-im-Klima-Clinch.html (Abrufdatum 01.10.2019).

Welzer, Harald (2016): *Selbst denken. Eine Anleitung zum Widerstand*. Fischer.

Welzer, Harald (2021a): „Soziologe Harald Welzer: ‚Als sei das Auto noch zukunftsfähig'" [Johanna Adorján interviewt Harald Welzer]. In: *Süddeutsche Zeitung*, 12.11.2021, online unter https://www.sueddeutsche.de/leben/klimakrise-klimawandel-wirtschaftswachstum-oekonomen-1.5461138 (Abrufdatum 06.10.2022).

Welzer, Harald (2021b): *Nachruf auf mich selbst. Die Kultur des Aufhörens.* Fischer.

Wittenberg, Lucie (2020): „Zwischen Depression und Angst: Wie gehe ich mit meinen Gefühlen zum Klimawandel um?". In: *Der Spiegel*, 11.11.2019, online unter https://www.spiegel.de/psychologie/klimawandel-wie-mit-klimaangst-umgehen-zwischen-depression-und-angst-a-4f8e32c7-ea49-4644-a611-3baf714e7c73#refsponi/ (Abrufdatum 13.07.2022).

Wittgenstein, Ludwig (o. J.): „Alles, was überhaupt gedacht werden kann …". [Zitate]. Zit. in *Wikiquote.de*, Artikel „Ludwig Wittgenstein", Stand 11.04.2022, online unter https://de.wikiquote.org/wiki/Ludwig_Wittgenstein (Abrufdatum 19.10.2022).

ynfpublishers (2021): „Lundin Energy's Johan Sverdrup barrels certified as carbon neutrally produced". In: *Yellow & Finsh*, Juni 2021, online unter https://www.ynfpublishers.com/2021/06/lundin-energys-johan-sverdrup-barrels-certified-as-carbon-neutrally-produced (Abrufdatum 01.08.2022).

Zeit (2021): „Armin Laschet sieht ‚Traum vom Sommerurlaub' in Gefahr. Der CDU-Chef kritisiert die Klimaschutzvorhaben der Grünen. 70 Euro mehr für einen Mallorca-Flug könne sich nicht jede Familie leisten". In: *Die Zeit*, 13.06.2021, online unter https://www.zeit.de/politik/deutschland/2021-06/gruene-klimaplaene-armin-laschet-cdu-mallorca-flug (Abrufdatum 05.08.2022).

Zinkant, Kathrin (2015): „Ernährung: Bleibt nur die Hühnerbrust". In: *Süddeutsche Zeitung*, 26.10.2015, online unter https://www.sueddeutsche.de/gesundheit/ernaehrung-bleibt-nur-die-huehnerbrust-1.2708701 (Abrufdatum 02.10.2019).

Zukunftsrat Hamburg (2022): „Solar- und Windenergie decken lediglich 1,8 % des globalen Endenergiebedarfs" [Pressemeldung und Aufstellung]. In: *Zukunftsrat Hamburg*, 21.09.2022, online unter https://www.zukunftsrat.de/wp-content/uploads/220921_PM_Solar_und_Wind_decken_1_8_Prozent_des_gobalen_Endenergiebedarf_.pdf Abrufdatum17.01.2023). [Transparenz durch Offenlegung: Diese Pressemitteilung ist maßgeblich unter Federführung der Autoren dieser Handreichung entstanden.]

Endnoten:

[1] Vgl. Biermann et al. 2019.

[2] Vgl. Gaul 2020.

[3] Leisgang/Thelen 2021, 305.

[4] Vgl. Latour 2022.

[5] Vgl. Berger 2017.

[6] Latour/Schultz 2022, Seite 9f.

[7] Vgl. Nixon 1973.

[8] Vgl. Lührsen/Pendzich 2022.

[9] Vgl. ebd.

[10] Vgl. Pendzich 2020a, 269.

[11] Vgl. dazu Parrique et al. 2019 u. Haberl 2020.

[12] Schnabel 2022, 213.

[13] Schnabel 2022, 214.

[14] Vgl. Edmüller/Wilhelm 2015, 111-112.

[15] Luther zit. in Schnabel 2022, 212.

[16] Schnabel 2022, 202.

[17] Schnabel 2022, 194.

[18] Schnabel 2022, 194.

[19] Schnabel 2022, 212.

[20] Vgl. *FES* 2021.

[21] Vgl. *Bundesregierung* (o. J.).

[22] Vgl. *UBA* 2018 u. Hecking/Schultz 2017.

[23] Vgl. *UBA* 2020 u. Hermann 2020.

[24] Schnabel 2022, 203.

[25] Schnabel 2022, 203.

[26] Schnabel 2022, 191.

[27] Zit. in Bonner/Weiss 2017, 297.

[28] Zit. in Amann/Traufetter 2019.

[29] Monbiot 2017, 41.

[30] Nach Albrecht Koschorke, vgl. Heller 2022.

[31] Vgl. *tim-tam* 2016.

[32] Vgl. Duve 2011, 8.

[33] Vgl. Chomsky 2021.

[34] Herzog 1998; vgl. Elsässer et al. 2017.

[35] Ahmed 2022.

[36] Vgl. Brand/Wissen 2017.

[37] *HDKV* o. J.

[38] Vgl. Persson et al. 2022.

[39] Neubauer/Reemtsma 2022, 157.

[40] Göpel 2022.

[41] Vgl. *wikipedia* 2022a.

[42] Zit. in Neubauer/Repenning 2019, 24.

[43] Neubauer/Repenning 2019, 25-26.

[44] Neubauer/Repenning 2019, 144.

[45] *BUND* o. J.

46 Göpel 2020a, 127.

47 Hickel 2020, Übersetzung der Autoren.

48 Vgl. Steiner 2009.

49 Michael Ende 1994, 276.

50 Vgl. Welzer 2016, 131.

51 Assmann zit. in Schnabel 2022, 57.

52 Schnabel 2022, 84.

53 Vgl. Vielhaus 2022, Otto et al. 2020.

54 Vgl. Pendzich 2022.

55 Welzer 2021a.

56 ‚Plant blindness' nach Wandersee/Schussler 1999.

57 Vgl. Pauly 1969.

58 Latif zit. in *Welt* 2019.

59 Wittgenstein Satz 5.6.

60 Wittgenstein Satz 4.116.

61 Hirschhausen 2021b.

62 Vgl. Völk/Salzburger 2021.

63 Otto 2019, 10-11.

64 Vgl. *wikipedia* 2022b.

65 Vgl. Krieghofer 2021.

66 Vgl. *Global Footprint Network* (o. J.).

67 Gramsci o. J., 354f.

68 Vgl. Knödler 2022.

69 Vgl. *ynfpublisher* 2021.

70 Vgl. *wikipedia* 2021.

71 Vgl. z. B. *taz* 2019.

72 Schnabel 2018, 16f.

73 Vgl. Welzer 2016, 131.

74 Vgl. *Brundtland-Bericht* 1987.

75 Rahmstorf 2022.

76 Vgl. Schulz 2020 (den jeweiligen Autoren zugeschrieben).

77 Vgl. Schulz 2020 (Darwin zugeschrieben).

78 Hirschhausen 2021a.

79 Vgl. Morgenstern 2022.

80 Vgl. *Zeit* 2021.

81 Vgl. Ingeborg Bachmann, 1959: „Die Wahrheit ist dem Menschen zumutbar."

82 Schurmann 2022.

83 Vgl. *FAZ Blog* 2012.

84 Michael Ende 1973, 63.

85 Laut *Deutscher Gesellschaft für Ernährung* (DGE), zit. in *Spiegel* 2017.

86 Vgl. Zikant 2015, *Verbraucherzentrale* 2015.

87 Schellnhuber 2021.

88 Zit. in Schadwinkel 2018.

89 Gerhard Reese zit. in Kaffka 2020.

90 Schurmann 2022, Titel des Kapitels 1.2.

[91] Pendzich 2022b.

[92] Zit. in Amann/Traufetter 2019.

[93] Precht 2018, 115.

[94] Vgl. dazu Parrique et al. 2019 u. Haberl 2020.

[95] Vgl. *Statista* 2022.

[96] Vgl. Klein 2015, 104.

[97] Vgl. Nicolai 2013.

[98] Zit. in Stöcker 2022.

[99] Stöcker 2022.

[100] Bunz 2017.

[101] Vgl. Mast 2020.

[102] Vgl. Wittenberg 2020.

Weiterlesen | Weiterdenken

- *Klimafragen. 12 Grundfragen, die sich aus der Klimakrise und aufgrund des sechsten Massenaussterbens ergeben.* Von Marc Pendzich, online unter https://klimafragen.com/.

- *Eine neue Geschichte der Zukunft. Wer wir sind. Wo wir herkommen. Wer wir künftig sein können.* Ein Essay von Marc Pendzich. ISBN: 978-3-75682-262-1. Erschienen als Book on Demand (BoD) und in Buchläden (on-/offline) bestellbar – sowie verfügbar unter https://eineneuegeschichtederzukunft.de/.

- *Hamburger Zukunftsmanifest – Leitbild für eine grundlegend neue Politik.* Vom Zukunftsrat Hamburg, 11/2020, online unter https://www.zukunftsrat.de/wp-content/uploads/201103_Hamburger_Zukunftsmanifest.pdf.

- *Leitlinien4Future – Sätze, Gedanken, Inspirationen, Aphorismen für eine zukunftsfähige Welt,* zusammengetragen von Marc Pendzich, online unter https://leitlinien4future.de/.

Weitere Empfehlungen:

- Bronswijk, Katharina van (2022): *Klima im Kopf. Angst, Wut, Hoffnung: Was die ökologische Krise mit uns macht.* oekom.

- *Climate Outreach* (o. J.): *„Übers Klima reden. Wie Deutschland beim Klimaschutz tickt. Wegweiser für den Dialog in einer vielfältigen Gesellschaft".* In: *Climate Outreach,* online unter https://climateoutreach.org/uebers-klima-reden/ (Abrufdatum 16.08.2022).

- Dohm, Lea u. Schulze, Mareike (2022): *Klimagefühle. Wie wir an der Umweltkrise wachsen, statt zu verzweifeln.* Knaur.

- Junker, Claudia u. Oelschlaeger, Walter (o. J.): *Tiefe Anpassung. Kollektive Resilienz in der globalen Krise,* online unter https://tiefe-anpassung.de/ (Abrufdatum 28.07.2022).

- Leisgang, Theresa u. Thelen, Raphael (2021): *Zwei am Puls der Erde. Eine Reise zu den Schauplätzen der Klimakrise – und warum es trotz allem Hoffnung gibt.* Goldmann.

- Magnason, Andri Snær (2020): *Wasser und Zeit. Eine Geschichte unserer Zukunft.* Insel.

- Paech, Niko (2012): *Befreiung vom Überfluss.* oekom.

- Schrader, Christopher (2022): *Über Klima sprechen. Das Handbuch.* oekom, online unter https://doi.org/10.14512/9783962389314 [verfügbar als freies PDF].

- Welzer, Harald (2021): *Nachruf auf mich selbst. Die Kultur des Aufhörens.* Fischer.

Über die Autoren

Wolfgang Lührsen, promovierter Physiker und Zukunftsaktivist, ist im Vorstand des BUND Hamburg und arbeitet in mehreren anderen Nichtregierungsorganisationen mit, darunter im Nachhaltigkeitsforum Hamburg. Ist naturnah aufgewachsen und hatte Konzepte wie Mitwelt, Kreislaufwirtschaft und Suffizienz schon verinnerlicht, bevor er die Begriffe kannte. Ist ein Possibilist und auf der Suche nach der verlorenen Resonanz zwischen Mensch und Mitwelt.

„Nichts geschieht in der echten Welt, bevor es nicht in unseren Köpfen geschieht."

Gloria E. Anzaldúa

Marc Pendzich, Komponist, promovierter Musikwissenschaftler, freier Dozent und Zukunftsaktivist. Autor des 700-seitigen *Handbuch Klimakrise* sowie des gleichnamigen Webportals. Hat einen gleichermaßen wissenschaftlichen, kreativen und ganzheitlichen Blick auf die Welt. Arbeitet das Thema ‚Klimakrise und Massenaussterben' auch für ‚seine' Branche in Form der Website musik-und-klimakrise.de auf. Sieht die ‚multiple Krise der Mitwelt' als erste und letzte Chance der Menschheit, sich neu zu erfinden.

„Es scheint immer unmöglich, bis es vollbracht ist."

Nelson Mandela